犬のしつけ パーフェクトBOOK

中西典子［監修］

ナツメ社

はじめに

「犬とのつきあい方」を変えたら、しつけはきっとうまくいく！

「吠える、かむ、トイレを覚えてくれない……。愛犬との楽しい生活を夢見ていたのに、なんだか大変なことがいっぱい！　もう、どうしたらいいの？」

私の仕事は、このようにしつけに悩む飼い主さんをサポートして「飼い主さんと愛犬を幸せにすること」です。

そのために必要なのは、まずは犬という種の生態や習性を理解すること。また、人間と同じように、犬にもそれぞれの個性や特徴があることを理解することも大切です。

同時に、犬とじょうずにつきあうためには、飼い主さんが自分自身の個性や特徴を知ることが、実はとっても大切です。

あなたは愛犬にとって、どんな飼い主さんなのでしょうか？

この本では飼い主さんの傾向を４つのタイプに分類し、愛犬とのつきあい方のコツをわかりやすくアドバイスしています。ぜひ参考にしてみてください。

人間の子育ても、社員教育も、今や「ほめて育てる」が主流ですが、犬のしつけにも通ずるものがあります。叱ったり、罰を与えたりすることは、まったく無効なわけではありませんが、信頼関係をこわしてしまう危険性もあります。

犬は学習をする賢い動物です。良い行動をしたときに、犬が喜ぶことで「ほめる」こと、「お願いする」ことでやる気を引き出し、必要な行動を学習してもらうことができます。

こうして犬とのつきあい方が変わると、しつけもグンとスムーズになることでしょう。

愛犬との生活がもっともっとハッピーなものになるように、この本がお役に立てればうれしいです。

中西典子

もくじ

PART 1

しつけの心構え

犬と人との信頼関係を作る

愛犬とよりよい関係を築く「3つの心得」

PART 2

トイレ、ハウス、食事のしつけ

快適に暮らすための生活ルールと習慣を教える

PART 3 きほんのトレーニング

犬の気持ちをつかんでストレスなく教える

PART 4 トイレ、留守番、散歩のお悩み解決トレーニング

プロローグ

「愛犬」と「飼い主さん」のタイプ診断でわかる

しつけの傾向と対策

犬と人の相性を知れば、しつけのコツが見えてくる

自分のタイプを知ることでよりよい関係が築ける

犬と一緒に暮らすには、正しい関係を築くことが必要です。

正しい関係を築き、お互いに快適に暮らすには、正しいしつけをする必要があります。

しかし、どうしてもしつけがうまくいかず、悩んでいる飼い主さんは少なくありません。

まず必要なのは、犬という動物の習性を理解し、性格や行動の特徴をよく観察すること。その上でしつけの方法を見直し、自分の犬により効

ここを変えたら、大成功！

飼い主さん体験談

「叱ること」をやめたら、しつけがうまくいった！

Ａさんは「犬を飼うなら、しっかりしつけをしていいコに育てたい」と思っていました。
まずはトイレのしつけを教えようとしましたが、なかなかうまくできません。Ａさんはつい、犬を厳しく叱ってしまいました。
しかし、おびえている犬の表情を見て、叱るのは止めようと決心。
できないからと責めるのではなく、できたときにほめるようにしたら、成功する回数が増えてきました。

飼い主さん体験談

「かまい過ぎ」を改めたら、しつけがうまくいった！

犬が大好きなＢさん。家に犬を迎えてから、愛犬のことが心配でしょうがありません。

「犬が退屈しないように」と、犬が吠えたら遊んでやるようにしたら、ちょっとでも放っておかれると吠えるようになってしまいました。

「要求に応え過ぎたかしら？」と思い、吠えても応じないで無視し、静かになったら遊んでみました。すると、今までのように吠えて遊びを要求することなくなりました。

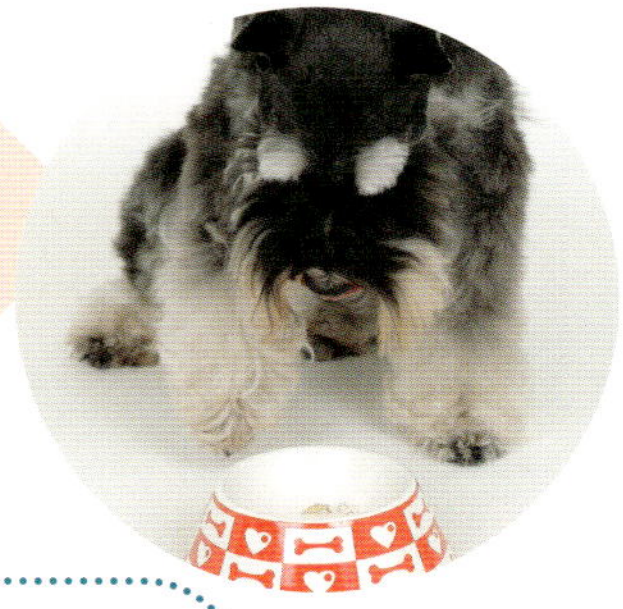

このように、飼い主さんが対応を変えることで、しつけがうまくいく例はたくさんあるのです！

果的な教え方を見つけましょう。

犬には大きく分けて4つの犬種タイプがあります（18ページ参照）。もちろん個体差はありますが、犬種ごとの特徴を知ることで、しつけのヒントが得られるでしょう。

そして同じくらい大切なのが、飼い主さんが自分自身の性格や行動の特徴を自覚することです。

とはいえ、自分の特徴は、自分自身ではなかなか冷静に分析できないものです。

そこで役立つのが、14～15ページの飼い主さんのタイプ別診断です。

人間どうしのように、犬と飼い主さんにも相性があります。

飼い主さんがそれを理解して、犬の気持ちによりそってあげると、よりよい関係が築けるようになります。

愛犬と自分の相性、しつけのコツを知って、仲良く快適に暮らしていきましょう。

自分を知って、犬とのよりよい関係を 飼い主さんのタイプ診断

愛犬とのいい関係を築くために、
まずは自分がどんなタイプの飼い主なのかを心理テストでチェックしてみましょう。
Q1～20の質問になるべく「はい」か「いいえ」で答えてください。

※「どちらでもない」を選ぶと、タイプが曖昧になります。

Q1

責任感は
強いほうだと思う

- [ ] はい
- [ ] いいえ
- [ ] どちらでもない

Q2

友達に良いことが
あると、
心から喜べる

- [ ] はい
- [ ] いいえ
- [ ] どちらでもない

Q3

うれしいことや
悲しいことがあると、
顔にすぐ出る

- [ ] はい
- [ ] いいえ
- [ ] どちらでもない

Q4

行動する前に、
慎重に計画を
立てるほうだ

- [ ] はい
- [ ] いいえ
- [ ] どちらでもない

Q5

「自分の考えは
間違っていない」と
自信を持っている

- [ ] はい
- [ ] いいえ
- [ ] どちらでもない

Q6

子どもやペットには、
できるだけ
手をかけてあげたい

- [ ] はい
- [ ] いいえ
- [ ] どちらでもない

Q7

好きなことを始めると、
時間を忘れて
のめり込む

- [ ] はい
- [ ] いいえ
- [ ] どちらでもない

Q8

人前で話すときは、
事前に内容を
しっかり考えておく

- [ ] はい
- [ ] いいえ
- [ ] どちらでもない

Q9

待ち合わせの
５分前には
必ずその場所にいる

- □ はい
- □ いいえ
- □ どちらでもない

Q10

人から
道を聞かれたら、
親切に答える

- □ はい
- □ いいえ
- □ どちらでもない

Q11

「わぁ！」「すごい！」
など驚きの言葉を
使うことが多い

- □ はい
- □ いいえ
- □ どちらでもない

Q12

仕事や勉強は
段取りを考えて、
きちっとやりたい

- □ はい
- □ いいえ
- □ どちらでもない

Q13

どちらかというと
頑固なほうだ

- □ はい
- □ いいえ
- □ どちらでもない

Q14

友達や
家族の悩みを
親身に聞いてあげる

- □ はい
- □ いいえ
- □ どちらでもない

Q15

言いたいことを
遠慮なく言って、
気まずくなることがある

- □ はい
- □ いいえ
- □ どちらでもない

Q16

他人の意見は
賛否両論を聞いて、
冷静に判断する

- □ はい
- □ いいえ
- □ どちらでもない

Q17

ルールを
守れない人がいると、
注意したくなる

- □ はい
- □ いいえ
- □ どちらでもない

Q18

人から
頼みごとをされると、
断れない

- □ はい
- □ いいえ
- □ どちらでもない

Q19

欲しいと思ったものは、
手に入れないと
気が済まない

- □ はい
- □ いいえ
- □ どちらでもない

Q20

体調が悪いときは
無理せず、早めに
休むようにしている

- □ はい
- □ いいえ
- □ どちらでもない

◀ 結果は次のページ

タイプを診断！

あなたはどんな飼い主さん？

質問の番号と同じ番号の解答欄に、
点数を記入してください。

「はい」……………………2点
「いいえ」…………………0点
「どちらでもない」………1点

タイプA	タイプB	タイプC	タイプD
Q1　点	Q2　点	Q3　点	Q4　点
Q5　点	Q6　点	Q7　点	Q8　点
Q9　点	Q10　点	Q11　点	Q12　点
Q13　点	Q14　点	Q15　点	Q16　点
Q17　点	Q18　点	Q19　点	Q20　点
合計　点	合計　点	合計　点	合計　点

一番点数が多かったタイプが、
あなたのタイプ！

タイプA

犬から見て
頼りがいのあるボス

リーダー型飼い主さん

責任感が強く、犬に対してもしっかりしつけをしようとする飼い主さんです。リーダーシップがあり、家族や仕事仲間、友人からも頼りにされることが多いことでしょう。ただしやや頑固な一面もあり、犬がいうことを聞かないと、つい厳しく叱ってしまうことも。

タイプB

お母さんのように
ケアしてくれる優しい存在

お世話好き飼い主さん

犬はもちろん動物や子どもが好きで、こまやかに面倒をみる母性本能が強い飼い主さんです。愛情深く、しつけの場面でも忍耐強く、犬を見守ってあげることが多いでしょう。少し心配性で過保護なところもあり、先回りしてお世話し過ぎる傾向があります。

タイプC

とにかく犬と一緒に、
楽しく遊びたい!!

友達型飼い主さん

楽しいことが大好きで、犬と一緒にいっぱい遊んであげたいと思っている飼い主さんです。興味のあることはとことん追求しますが、逆に興味のないことにはあまり関心をもたない側面も。犬と仲良くなるのは得意ですが、しつけはやや苦手です。

タイプD

犬を冷静に観察し、
感情的に怒ることはない

理論派飼い主さん

物事を冷静に観察し、分析してから行動に移すタイプ。犬に対しても感情的になって怒ったり、必要以上に甘やかすことがありません。犬の性質や特徴をよく理解できる飼い主さんです。その半面、犬の気持ちをくみ取ってあげることはやや苦手かも。

◀ では次に、あなたの愛犬のタイプをチェックしてみましょう！

あなたの犬は、どんな性格？
愛犬のタイプ診断

犬種による性質、個性を見極めよう

ペットとして飼われている犬にはいろいろな犬種があります。トイ・プードルやミニチュア・ダックスフンドのような小型犬から、ゴールデン・レトリーバーのような大型犬まで、約130犬種が日本国内で飼われていると言われています。

犬は、人と力を合わせて働くため、愛玩犬として一緒に暮らすためなど、いろいろな目的で品種改良されてきました。もちろん個体差はありますが、犬種は大まかに4つのタイプに分類することができます。犬種が本来もつ性質や個性を知ることで、犬といい関係を築くことができるでしょう。

タイプ1 作業大好きタイプ

●コーギー●ボーダー・コリー●シェットランド・シープドッグ●ゴールデン・レトリーバー●ラブラドール・レトリーバー●ビーグル●ジャック・ラッセル・テリアなど

タイプ2 友達たくさんタイプ

●トイ・プードル●チワワ●ミニチュア・ダックスフンド●パグ●キャバリア・キング・チャールズ・スパニエル●フレンチ・ブルドッグ●ボストン・テリア●アメリカン・コッカー・スパニエルなど

タイプ3 飼い主さんと絆を結ぶタイプ

●柴●ミニチュア・シュナウザー●シェパード●イタリアン・グレーハウンドなど

タイプ4 お世話されるの大好きタイプ

●シー・ズー●ポメラニアン●マルチーズ●ヨークシャー・テリア●パピヨン●ペキニーズ●ビジョン・フリーゼなど

＊同じ犬種でも個体差があるため、複数のタイプの特徴がみられる場合もあります。

◀ 犬種別・4つのタイプ（詳しくは19〜22ページへ）

「愛犬のタイプ」×「飼い主さんのタイプ」による ハッピーアドバイス

タイプ1 作業大好きタイプ

- コーギー
- ボーダー・コリー
- シェットランド・シープドッグ
- ゴールデン・レトリーバー
- ラブラドール・レトリーバー
- ビーグル
- ジャック・ラッセル・テリア など

飼い主さんの指示に従うのが好き

もともと牧畜・牧羊、狩猟などで人と協力して働くために品種改良された犬種のグループです。飼い主さんの指示に従い、ほめられることを喜びに感じるタイプです。運動神経が良く、飼い主さんと体を動かして遊ぶのが好きです。

しつけはスムーズにできることが多いですが、個体差もあります。苦手なことがあるのは当然なので、できないからといって叱らないようにしましょう。そしてうまくできたときは、たくさんほめてあげましょう。信頼関係がより深まります。

飼い主さんとの相性アドバイス

★は相性の目安です

タイプA リーダー型飼い主さん ★★★

相性バツグンです。ただし「指示を聞いて当然」と思わず、何かができたらほめることを忘れずに。またできないことがあっても、厳しく叱らないように気をつけましょう。

タイプB お世話好き飼い主さん ★★

先回りしていろいろやってあげてしまいがちですが、犬は「飼い主さんのために何かしたい」と思っています。一緒にできるゲームなどの遊びを通じて、絆を深めましょう。

タイプC 友達型飼い主さん ★★

一緒に遊ぶことは得意ですが、さらに遊びの中に作業的な要素が入っていると、犬は満足できます。トレーニングになる遊びを取り入れてみましょう。

タイプD 理論派飼い主さん ★★

「飼い主さんに喜んでもらいたい」という犬の気持ちをくみ取り、何かできたときは優しい声と表情でほめてあげましょう。

タイプ2

友達たくさんタイプ

- トイ・プードル
- チワワ
- ミニチュア・ダックスフンド
- パグ
- キャバリア・キング・チャールズ・スパニエル
- フレンチ・ブルドッグ
- ボストン・テリア
- アメリカン・コッカー・スパニエル など

ほかの犬や人との交流が好きな犬が多い

飼い主さんになじむのが早く、ほかの犬や飼い主さんとの交流も好きな犬が多いのがこのタイプです。社交性があり、愛嬌もあるので、子どもからお年寄りまで幅広い年代の飼い主さんとうまくつき合えます。

ただし個体差があり、すべての犬が友達を求めるタイプかというと、そうでもありません。

友達がいなくても、飼い主さんや家族と密な関係が築けていれば、それで十分な犬もいます。

ほかの犬や飼い主さんとの交流は様子を見ながら行いましょう。

飼い主さんとの相性アドバイス

★は相性の目安です

タイプA リーダー型飼い主さん ★★

飼い主さんがしっかりリードしてあげることで、愛犬はほかの犬や飼い主さんとのおつき合いを安心して楽しむことができます。

タイプB お世話好き飼い主さん ★★★

ほかの犬や飼い主さんにも気配りできるタイプなので、楽しく交流できます。ただ愛犬に過保護・過干渉になりがちなので、一歩引いて見守ってあげることも大事です。

タイプC 友達型飼い主さん ★★★

飼い主さんも社交的なので、楽しくほかの犬や飼い主さんと交流できます。ただし自分が楽しいと思うことに熱中し過ぎず、犬も楽しめているか気を配るようにしましょう。

タイプD 理論派飼い主さん ★★

冷静さを常に持っている飼い主さんなので、ほかの犬や飼い主さんとのおつきあいには慎重になりがち。犬が喜んでいたら、犬のペースで楽しませてあげましょう。

タイプ3

飼い主さんと絆を結ぶタイプ

- 柴
- ミニチュア・シュナウザー
- シェパード
- イタリアン・グレーハウンド など

特定の人の言うことだけを聞く傾向も

特定の人との関係を築くのが好きなタイプです。これと決めた人への忠誠心が強く、一途な性格なので、飼い主さんと深い絆を結びます。飼い主さんからしてみても、愛情の注ぎがいがあります。

ただ家族の中でもひとりだけに忠誠を誓い、ほかの人の言うことを聞かないこともあります。臆病な一面もあるため、吠えたり、かんだりという行動が現れることも。子犬の頃に社会化トレーニング（96ページ参照）をしっかりしておくといいでしょう。

飼い主さんとの相性アドバイス

★は相性の目安です

タイプA リーダー型飼い主さん ★★★

ボス的な存在の飼い主さんとは相性が良く、いい関係が築けます。ただし厳しく叱ったりすると信頼関係を壊すことになるので、気をつけましょう。

タイプB お世話好き飼い主さん ★★★

「このコと心を通わせたい」という気持ちが強いお世話好き飼い主さんとも相性はいいので、たっぷり愛情を注いであげましょう。

タイプC 友達型飼い主さん ★★

自分に楽しいことがあると夢中になるタイプなので、密な関係性を望む愛犬が少し物足りなく思うことがあるかもしれません。意識して向き合う時間を作るといいでしょう。

タイプD 理論派飼い主さん ★★

犬を擬人化せずに観察してあげられる飼い主さんなので、落ち着いてつき合えます。声かけや体をなでてあげるなどの信頼を深めるアプローチを加えると、さらにいいでしょう。

タイプ 4

お世話されるの大好きタイプ

- シー・ズー
- ポメラニアン
- マルチーズ
- ヨークシャー・テリア
- パピヨン
- ペキニーズ
- ビジョン・フリーゼ など

穏やかな性格で飼いやすい

愛玩犬として品種改良されてきたこのグループの犬は、基本的に性格が穏やかで、体格も小さいので、どんな飼い主さんでも飼いやすいタイプです。ただ飼い主さんがかわいがり過ぎてしまい、言うことをきかなくても大丈夫だと思う賢い犬も多いので気をつけましょう。

また個体差がありますが、ポメラニアンやパピヨンなどには臆病なコも多いので、子犬の頃から社会化トレーニング（96ページ参照）をしっかりして、いろいろなモノに慣らしてあげたほうがいいでしょう。

飼い主さんとの相性アドバイス

★は相性の目安です

タイプA リーダー型飼い主さん ★★

体育会系なリーダー型タイプの飼い主さんは、お世話好きな犬の相手はちょっと苦手かもしれません。なでたり、優しく声をかけたりといったコミュニケーションを心がけましょう。

タイプB お世話好き飼い主さん ★★★

「喜んでくれる顔を見るのが幸せ」という世話好き飼い主さんとは、相性バツグン。ただかまい過ぎは禁物です。犬からの「もういいです」のサインに気づきましょう。

タイプC 友達型飼い主さん ★★

自分が忙しいときには、犬のお世話が少々おろそかになってしまうかも。意識的に「この時間は犬と向き合う」と決めて、甘えたい気持ちに応えてあげましょう。

タイプD 理論派飼い主さん ★★★

犬をよく観察し、必要なケアを的確にしてあげられます。そのため相性はいいですが、クールな面もあるので、犬の甘えたい気持ちに十分に応えてあげましょう。

愛犬とハッピーに暮らすには、自分の心の見直しも大切

完璧な飼い主さんを目指さなくていい

この章では、自分自身と愛犬のタイプを見極め、どんな接し方をすればよいかを紹介してきました。しかし、ここに書いてあることが、すべての飼い主さんと愛犬に当てはまるものではありません。

前にも述べたように、犬には個体差があります。「お世話されるのが好きな犬」に分類した犬種でも体に触れられるのが苦手な犬はいます。また「作業好きな犬」に分類した犬種でも、しつけのトレーニングが苦手な犬もいるでしょう。

「こういうふうにすればうまくいく」という方法は、あなたの愛犬をよく理解して、見つけてあげてください。

しつけでうまくいかないことがあっても、「すぐになんとかしなければ」と焦らず、愛犬との信頼関係を築きながら、よりいい方法を見つけていけばいいのです。

自分の心をときどき見直すことで、犬への接し方も変わっていくものです。よりよい関係を築くために、心豊かに犬との時間を楽しみましょう。

Column

犬種による性質をCheck！

犬は人のパートナーとして暮らすために、目的に応じて品種改良されてきました。愛犬を理解するためにも、犬種ごとの特徴を知っておきましょう。

犬種は特徴によって、10のグループに分けられる

犬と人は、古くから狩りのパートナーとして絆を結んできました。年月を経て、牧羊などの家畜を守る仕事、人の救助などの護衛、さらには人を癒すコンパニオンアニマルと、犬の役割は時代とともに変わってきました。

国際畜犬連盟（FCI）では、犬を10のグループに分けています。それぞれに特徴があり、それを知ることでより犬への理解が深まります。たとえばシェットランド・シープドッグの飼い主さんの中には「よく吠えて困る」という しつけの悩みを訴える人がいます。彼らはもともと吠えることで羊の群れをまとめる仕事をしていたので、種の特徴として吠えやすさが残っているのです。

個体差はありますが、大まかな性質の目安を知っておくことは、愛犬を理解する助けになるでしょう。

国際畜犬連盟（FCI）の10の犬の分類

グループ	特徴	主な犬種
1　牧羊犬・牧畜犬	家畜の群れを誘導したり、守ったりする。運動神経がよく、テリトリーを守る。	ウエルッシュコーギー・ペンブローク、ボーダー・コリー、シェットランド・シープドッグなど
2　番犬・護衛犬	家畜を守る番犬、救助犬や闘犬など。警戒心が強く、番犬に向いている。	ミニチュア・シュナウザー、ミニチュア・ピンシャー、ブルドッグ、ボクサー、ドーベルマンなど
3　テリア	ネズミやアナグマなどの狩りを手伝う。体は小さいが、エネルギッシュで快活。	ヨークシャー・テリア、ウエスト・ハイランド・テリア、ホワイトテリア、ジャック・ラッセル・テリアなど
4　ダックスフンド	胴長短足の体で巣穴に入り、アナグマやウサギを獲る獣猟犬。	ミニチュア・ダックスフンド、ダックスフンド
5　原始的な犬・スピッツ	原初的な犬の形を残した犬種。飼い主への忠誠心が強い。	ポメラニアン、柴、バセンジー、秋田、シベリアン・ハスキー、日本スピッツなど
6　嗅覚獣猟犬	嗅覚が鋭く、獲物を見つけると大きな声で吠えて知らせる。	ビーグル、バセット・ハウンド、ダルメシアン、アメリカン・フォックスハウンドなど
7　鳥猟犬1（ポインティングドッグ）	獲物となる鳥を探し、場所を教える。ハンターが来るまで獲物を引き止める。	アイリッシュ・セター、イングリッシュ・セター、ワイマラナー、イングリッシュ・ポインターなど
8　鳥猟犬2（レトリーバー、フラッシングドッグ、ウォータードッグ）	撃ち落とした獲物を拾って届けたり、水の中にいる獲物を回収するなど、活発で快活。	ゴールデン・レトリーバー、ラブラドール・レトリーバー、アメリカン・コッカー・スパニエルなど
9　愛玩犬	人間のパートナーとして暮らす目的で作られた犬種。小さい犬が多く飼いやすい。	トイ・プードル、チワワ、シー・ズー、マルチーズ、パピヨン、フレンチ・ブルドッグ、パグなど
10　視覚獣猟犬	視覚が優れていて、獲物を発見し、素早く追跡する。運動能力が高い	イタリアン・グレイハウンド、ボルゾイ、アフガン・ハウンド、アイリッシュ・ウルフハンドなど

PART 1

犬と人との信頼関係を作る

しつけの心構え

愛犬とよりよい関係を築く「3つの心得」

愛犬と自分自身が快適に暮らせるためのルールづくりを

「犬にはしつけが必要」といわれます。では、犬のしつけとはどういう目的でするのでしょうか？

人間の暮らしに合わせて、吠えたり、かんだりという彼らの習性を出さないようにするためでしょうか？　または人間の子どものように、世間から良い子と認めてもらうためでしょうか？

どちらも正解とはいえません。犬と楽しく暮らすには、愛犬と飼い主

心得 1 ➡ 28ページ

「お願い上手」「ほめ上手」な飼い主を目指そう

犬のしつけの基本は「ほめて育てる」こと。犬は飼い主さんにほめられることが大好きです。また無理に何かをやらせようとするより、「上手に飼い主さんがお願いする」ほうが実は効果的です。人間の子育てでも同様ですが、「飼い主さんに認めてもらえること」が、犬の自信と成長につながっていきます。

心得 2 ➡ 34ページ

行動の理由を理解できれば、しつけはシンプルになる

「どうして何度注意しても、スリッパをくわえて走りまわるのかしら？」「お客さんが来るとしつこく吠えるので困ってしまう……」などと悩む飼い主さんは多いもの。実はこれらの行動には、犬なりの理由がちゃんとあるのです。まずは「なぜ、そうするのか？」を理解すること。そのうえで「別の行動をしたほうが、いいことが起こる」と犬に教えてあげれば、シンプルにしつけができます。

心得 3 ➡ 38ページ

我が家ルールを決めれば、飼い主も犬も快適に暮らせる

犬を飼う環境によって、行動の許容範囲は違ってきます。例えば郊外の庭がある一軒家なら、犬は庭を自由に駆け回ることができるでしょう。しかし集合住宅の場合は、いつでも走り回っていいわけではありません。床や窓の暖房対策をするなど、飼い主さんが環境管理をすることで、飼い主さんも犬も快適に暮らせます。

さんが信頼し合える関係を築くことが何より大切です。

そのためには、相手の個性を尊重して、お互いに理解を深めていくことが欠かせません。犬をコントロールしようとしたり、ダメなことを叱って教えるしつけは、犬と飼い主さんの信頼関係を壊してしまいます。そして、犬が問題行動を引き起こす原因となるケースも多いのです。

序章では飼い主さんと犬の相性、つきあい方のコツを紹介しました。続いてこの章では、犬と人が信頼関係を築くのに欠かせない心構えを紹介していきます。

まず心掛けたいのは、相手の立場、気持ちに寄り添うことです。

彼らの習性や、犬種ごとの性質を理解したうえで、「どうしたらお互いに心地よく暮らすことができるか？」を考えて、しつけをすることが大事です。

心得1 「お願い上手」「ほめ上手」な飼い主を目指そう

お互いハッピーに暮らせるような関係づくりを

しつけ成功の秘訣は、「お願い上手」「ほめ上手」な飼い主さんになること。しつけというと、できなかったら叱ったり、できるまで何度でも教えるものと思う人もいるかもしれません。でも犬に何かを教えるときには、こうしたアプローチは向いていないのです。

犬に必要なしつけの多くは、犬自身のためというより、犬と人間が安全に快適に暮らすためにするもの。

お願い上手になり、犬がこちらの指示に従ってくれたら、心からほめてあげる。これがしつけの近道です。

犬が喜ぶごほうびやほめ言葉を上手に活用

「お願い上手」「ほめ上手」になるには、犬が喜ぶごほうびや、ほめ言葉をうまく使うと効果的。

ごほうびには、犬が大好きなオヤツなどのフードを使います。スキンシップが好きな犬なら、なでてあげる。遊ぶのが好きな犬ならば、遊んであげてもいいでしょう。

犬は賢いので、教えられたことは学習します。そして学習の結果で、行動が決まります。「これをしたらよいことがあった」という経験が多いほど、その行動を繰り返すようになっていくのです。

POINT 1 しつけの極意は「犬に上手にお願いする」こと

Before 「チーズをあげたのに、ハウスに入らない……」

チーズは好きなのに、
どうしてハウスに
入ってくれないんだろう？
私のしつけの仕方が
間違っているのかな……。

After オヤツを大好物のササミに変えたら、すんなり！

わーい！
大好きなササミの
オヤツがもらえたぞ！
ハウスに入ると
いいことがあるんだな。
次もそうしよう。

犬が喜ぶオヤツをあげることで、しつけはうまくいく

うれしいことがあれば こちらのお願いに 応えてくれる

犬のしつけには、ごほうびのオヤツが効果的です。

そして、オヤツが犬にとって好きなものであればあるほど、しつけはうまくいきます。

ですから、「このオヤツを使えば効果的」というのは、それぞれの犬の好みによって違います。

例えば、ハウスに入るのが苦手な犬がいるとします。普段食べているオヤツのチーズを使っても、ハウスには入ってくれませんでしたが、大好きな鶏のササミを使ったら、上手にできた……などというのは、よくあることです。

しつけがうまくいかないときは、オヤツの内容を見直してみるのもひとつの解決策になります。

POINT 2

「ごほうび」と「ほめ言葉」でやる気を引き出す

犬のしつけには、「よい行動をしたらほめる」「悪いことをしたら叱る」というアプローチがあります。ほとんどの場合、叱らなくても犬に同じ行動をさせることが可能です。叱るという行為は、犬との関係をこわすこともあるので、なるべく使わないようにしたいものです。

ほめることで、犬がトイレを覚える仕組み

1 ある行動をする
ここで おしっこして みようかな
2 よい結果が得られる
イイコ！
ヤッター！
3 この行動を繰り返すようになる
ここですると いいことが あるの！
4 飼い主さんも、犬もお互いハッピー！

叱られると、うまくいかない

1 ある行動をする
おしっこ…
2 叱られる
3 見ていないときか、見えない場所でやる
4 飼い主さんはイライラ、犬は飼い主に不信感を抱くことに……
イラ…
イラ～

POINT 3 やる気をアップするほめ方のコツを知ろう

犬のやる気を引き出すほめ方とは、上手にできたら
その犬の大好物をごほうびとして与えてあげることです。
オヤツが一番よく使われますが、飼い主さんになでてもらったり、
遊んでもらうことがごほうびになる犬もいます。

オヤツ（ごほうびフード）をあげる

いつものフードより犬にとってランクが上の、お気に入りのオヤツを使うのがポイント。あげるときは適量を守り（93ページ参照）、太らないように普段のごはんはその分減らすようにする。

スキンシップをする

普段あまりかまってあげられない犬は、スキンシップがうれしいことも。やさしく明るい声で「イイコ」「ヨシ」などといいながら、自分の犬が触られるのが好きなところをなでてあげるといい。

一緒に楽しく遊ぶ

引っ張りっこ、じゃらし棒など（99〜101ページ参照）犬が好きな遊びがあったら、ごほうびとして思いっきり遊んであげるとよい。

POINT 4

ほめるタイミングは「8秒以内」がベスト

Before

トイレのしつけがなかなかうまくいかない

ちゃんとできたときに、
しっかりほめてあげていなかった。

After

すぐにほめることで、上手にできるように！

トイレでおしっこを始めたら
すぐに「イイコ」と声かけ。
排泄後8秒以内にオヤツをあげて
ほめてあげたら、できるようになった。

すぐにほめることで学習効果がアップする

犬を家に迎えて、最初に必要になるのはトイレのしつけです。

特にこのしつけは、タイミングが肝心です。

トイレで排泄できたら、すぐにほめてあげることがポイント。時間が経ってからほめられても、犬は何に対してほめられているのかがわかりにくくなります。

トイレでおしっこを始めたら、やさしく「ワン・ツー」などと声をかけて、しおわったら「イイコ！」と、声をかけ、できるだけすぐに、ごほうびのオヤツをあげましょう。

声かけ＋オヤツのダブル効果で、「そうか、トイレでおしっこすると、飼い主さんにほめてもらえて、オヤツがもらえるんだ！」と犬は学習できるのです。

POINT 5 いちばん好きなオヤツが何より効果的

犬が喜ぶ オヤツの順位づけをしよう

1位 スペシャルなオヤツ

例：ゆでたササミ、レバーなど

いつ、どこであげても、犬が夢中になるスペシャルなオヤツです。刺激の多い屋外などでのトレーニングや、犬が苦手なしつけをするとき、早く覚えさせたいときなどに役立ちます。

2位 お気に入りオヤツ

例：ジャーキー、魚のチップなど

ドアホンが鳴るなど、特に強い刺激がなければ、お願いした行動をしてくれるくらいの魅力があります。トレーニングで使う場合には、ちぎって小さくしやすいものがいいでしょう。

3位 いつものオヤツ

例：クッキーやボウロ、いつも食べているフードなど

クッキーやボウロ、食事のときに食べているフードなどもごほうびとして使えます。夢中になって欲しがるものではありませんが、ほぼマスターしたトレーニングのオヤツなどに使いましょう。

フードにランクをつけて、一番好きなものを"スペシャルフード"に

刺激の多い屋外で散歩のしつけなどをするときは、犬がなかなか集中できないことがあります。

ほかの犬や車の音など、犬にとって苦手なものがあれば、なおのこと集中できません。

そんなときは、スペシャルフードを使ってみましょう。

犬によって違いはありますが、鶏のササミやレバーをゆでたもの、焼いた肉、チーズなどは、大好きな犬が多いようです。

苦手なしつけをするときは、スペシャルなオヤツが効果大です。

日頃から犬の好みをよく見極めて、どのフードだと喜ぶか、1位から3位ぐらいまでランクづけしておくといいでしょう。

心得②

行動の理由を理解できれば、しつけはシンプルになる

スリッパをかじってしまう犬の場合

楽しい〜!!

ガジガジ
ええ??

いいの〜?

ヤッター!

あっちのスリッパはダメだけど、こっちのスリッパだったら、おもちゃ代わりにしていいよ

⇨ かじられたくないスリッパをしまっておけば、飼い主さんも犬もハッピー

犬の行動の理由に添って解決方法を考えよう

「まったくもう、どうしてこんなことをするの?」

犬のしつけに悩む飼い主さんの中には、こんなふうに犬の行動の理由がわからず困っている人が多いようです。

例えば、何度叱ってもスリッパかじりをする犬がいたとします。犬にとってみれば、飼い主さんのニオイがついたスリッパはお気に入りのアイテム。それをかじることがなぜいけないこと、叱られることなのかわかりません。

こうした場合は、かじられたくないスリッパを出しっぱなしにしないことが、いちばんシンプルな解決法です。

POINT 1

「おりこうな犬」ってどんな犬？

「おりこうな犬＝自分のいうことを聞いてくれる犬」だと思っている飼い主さんは多いものです。しかし果たして本当にそうでしょうか？一見困ったことをしているように見える犬の行動の裏側にも、それなりの理由があるのです。

飼い主さんと犬の気持ち、こんなギャップがあるんです

飼い主さんの気持ち
無駄吠えしないでほしい！

ワン
ワン
怪しい気配がしているから、吠えて教えてるんだよ！

飼い主さんの気持ち
お客がきても、とびつかないでほしい！

会えてうれしい！歓迎のあいさつをしているんだよ!!

飼い主さんの気持ち
ドッグカフェでは、おとなしくしてほしい！

キューン
キューン
ほかの犬もいて、なんだか落ち着かないよ…

飼い主さんの気持ち
おとなしく留守番してほしい！

ワン
ワン
飼い主さんがいなくて、不安だよ〜！こわいよ〜（涙）

まずは犬の気持ちを理解してあげよう！（次ページ参照）

POINT 2

その行動には「ワケ」がある

家の中で

いろんなところにおしっこをする

ここも僕の縄張りだぞ！

トイレの場所を理解していても、マーキングをすることがあります。そこにおしっこをかけることは犬にとっては何らかの意味があるのです。

甘がみをする

遊ぼうよ～

甘がみは遊びに誘うサイン。叱らずに、おもちゃで遊んであげたりして、かまない遊びに誘いましょう。

遠吠えする

仲間に知らせなくちゃワォーン！

救急車の音などに反応して、犬が遠吠えすることはよくあります。遠くにいる仲間に「自分はここにいるよ～！」と伝えるために吠えているのです。

本能や習性に基づいた行動や気持ちを理解してあげて

飼い主さんからすると「困った行動をするなあ」と思うことも、犬からすれば自然な行動、ということは多いものです。

こうしたことを叱ってやめさせようとしても、かえって愛犬との信頼関係を損ねるだけです。

ここで挙げているような行動は、どんな犬でもすることです。

「トイレ以外でおしっこするなんて……」、「落ちているモノを食べるなんて、お行儀が悪い！」など、私たち人間の価値観で犬の行動を嘆いたり、憤慨するのはあまり意味がありません。

本能や習性に基づいた犬の行動や気持ちを理解して、よりそってあげることが何より大事なのです。

留守番中

窓の外を見て吠える

飼い主さんはどこにいるの~?! さみしいよ~

飼い主さんがいないと不安になる犬は多いもの。留守番のしつけができていないと、外を見てずっと吠えていることも。

家具をかじる

退屈だなー。こんなところにちょうどいいものが!

かじるのは犬の習性。飼い主さんの目が届かないときは、ハウスで過ごすようにする。かじられたくない家具のある場所には行けないようにサークルで仕切ることで対処できます。

散歩中、公園で

動く自転車に駆け寄る

おっ、おもしろそう!

自転車や自動車などの走るものを見ると、追いかける犬は多いもの。「動くものを追いかける」のは、犬の本能に基づいた行動です。散歩中はリードでしっかりコントロールして、危険がないようにしましょう。

落ちているものを食べる

こんなところに獲物があったぞ~!!

獲物が獲れなかったら、落ちている食べ物で飢えをしのぐ。これは犬の本能です。しかし道に落ちているものは食べると有害なものも多いので、リードをコントロールして食べないように回避することが大事です。

よその犬に吠える

遊ぼう! あっちへ行け!

他の犬に吠えるのも自然な行動です。遊びたいときや、こわくて近くへ来て欲しくないときなどに吠えることが多いので、叱るのはかわいそうです。

心得3 我が家ルールを決めれば、飼い主も犬も安全に暮らせる

安全に暮らせるルールづくりを最初にしっかりしよう

犬と人が一緒に暮らすうえでは、お互いが快適で安全であることが何より大切です。犬を迎える前に、家の中を見渡してみましょう。犬が過ごす場所をどこにするのか？　犬に入られないようにしたい場所は？　危険なものはないのか？　などをしっかりチェックして、安全に暮らすためのルールづくりをしましょう。

例えば赤ちゃんや小さな子どもがいる家なら、犬と子どもが大人の目が届かないところで接触しないようにすることも大事になります。

悩みの解決はしつけだけに求めず、環境調整も大切

「うちの犬は夜、ハウスに入れると吠えて、ひとりで眠れないんです」。そんな悩みをもつ飼い主さんは、夜、犬が過ごす部屋をチェックしてみて。道路に面した部屋で、夜遅くなっても車の通る音がうるさいなど、何かしら原因があることも多いものです。

しつけをしっかりすることは大事です。そしてそれと同じくらい、犬が暮らす環境を見直すことも重要です。犬はあなたの家族の一員。快適に、安心して過ごせるようにしてあげましょう。

POINT 1 どうしつける？　どこまでしつける？ 自分なりの犬とのつきあい方を見つけよう

犬をどんな環境で飼うか？　家族構成は？　自分のライフスタイルは？ など いろいろな要素で、犬をどのように、どこまでしつけるかは変わってきます。自分のライフスタイルに添ったしつけをしていきましょう。

TYPE A 都心のマンションと、郊外の一軒家で犬を飼う場合

都心の集合住宅では、騒音が問題になることが多々あります。夜は犬をハウスに入れて静かに過ごさせる。室内を走り回らせたいなら防音効果のあるカーペットを敷くなど、ご近所への配慮が欠かせません。一方、郊外の一軒家の場合には、家の造りや環境によって、少しくらいでは迷惑にならないこともあります。

TYPE B 一人で飼う場合と、家族と暮らしていて犬を迎える場合

一人暮らしの飼い主さんは、自分がいないときはおとなしく待てるようにハウスのしつけを確実にする必要があります。また遊べるときは思いっきり犬の相手をしてあげましょう。犬は家族の一員として、近くにいたがる動物ですので、隔離したりせず、できるだけ同じ空間で過ごせるようにしてください。

TYPE C 昼間留守がちの環境と、昼間も家に誰かが必ずいる場合

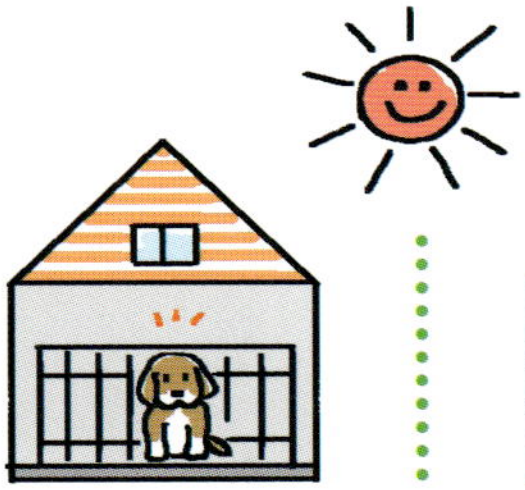

家族が多くても、昼間留守がちの家では、落ち着いてお留守番できるようなしつけが欠かせません。また昼間でも家に誰かがいるなら、逆に犬がいつでもかまってもらえると思って、要求吠えしたりしないようなしつけが必要になってきます。

環境やライフスタイルで、犬に教えたいしつけは変わってくる

POINT 2

ご近所へのあいさつのススメ

✕ どういう人が住んでいるかわからないと……

犬に関わるご近所トラブルの多くは、「ご近所づきあい」の問題であることも。飼い主がどんな人かわからないと、迷惑に思う人はさらに怒りが強くなってしまいます。

○ 飼い主がごあいさつをしていれば……

普段からきちんとあいさつをして、犬のしつけをして迷惑をかけない努力をすることを伝えておけば、少々迷惑になっても許容範囲におさまることもあります。

⇨ **“おたがいさま”の気持ちをもって、周りの方に理解を求めることが大事**

犬を飼い始めるときは隣近所へご挨拶を

最近は「ご近所つき合いをあまりしない」という人が増えています。これにはプライバシーを大切にできるというメリットがある一方、何かあった時に不安や不満がふくらみやすいというデメリットがあります。

実際に、犬が原因のご近所とのトラブルは、もともとの信頼関係のなさが原因となることが多いのです。

犬を家族に迎えるときは、隣近所の方に挨拶をして、「ご迷惑がかかったら、いつでも言ってください」とこちらから相手を安心させる言葉をかけることが大事です。世の中には犬が苦手という方もいます。その場合は、特に細かい心配りが必要です。

ご近所とのコミュニケーションがよければ、トラブルが起きたときも、こじれることが少ないでしょう。

POINT 3 ルールは自分で決めればいい

犬のしつけに「こうすべき」はない

「お客さんが来たら、吠えないで愛想よくするべき」「他の犬とは仲良くすべき」など、人間の都合に愛犬が合わせるべき、と考えるのは間違いです。ありのままの愛犬を受け入れて、お互いハッピーに！

大変なことはやらなくてOK

「ドッグランで他の犬と仲良くしてほしい」「散歩中他の犬に吠えないでほしい」など、犬にとって苦手なことを理想としては、愛犬との良い関係はできません。いつものコースは他の犬に会ってしまうなら、散歩コースを変えればお互いハッピー！

犬のしつけは子育てと似ている。トラブル予防と気持ちを察してあげることが大切！

「なんでできないの？」と犬を責めると飼い主さんも苦しくなる

犬のしつけは、人間の子育てと似ています。よその犬と自分の犬を比べて「うちの犬はこれができない」と減点法で接すると、人も犬もストレスがたまる一方でしょう。

よそと比べるのではなく、愛犬がどうしたら快適に暮らせるかを考えて、お互いが無理なく楽しく過ごせるようにしていくことが大事です。

飼い主さんが犬を愛して信頼してあげることで、犬も飼い主さんに信頼を寄せてくれます。

信頼関係が出来上がっていけば、それまでできなかったしつけが覚えられたりすることも多いものです。

どうしてもつきあい方がわからないときは、しつけ教室などでプロの手を借りるのもひとつの方法です。

POINT 4

犬も人も安心・安全な住環境に

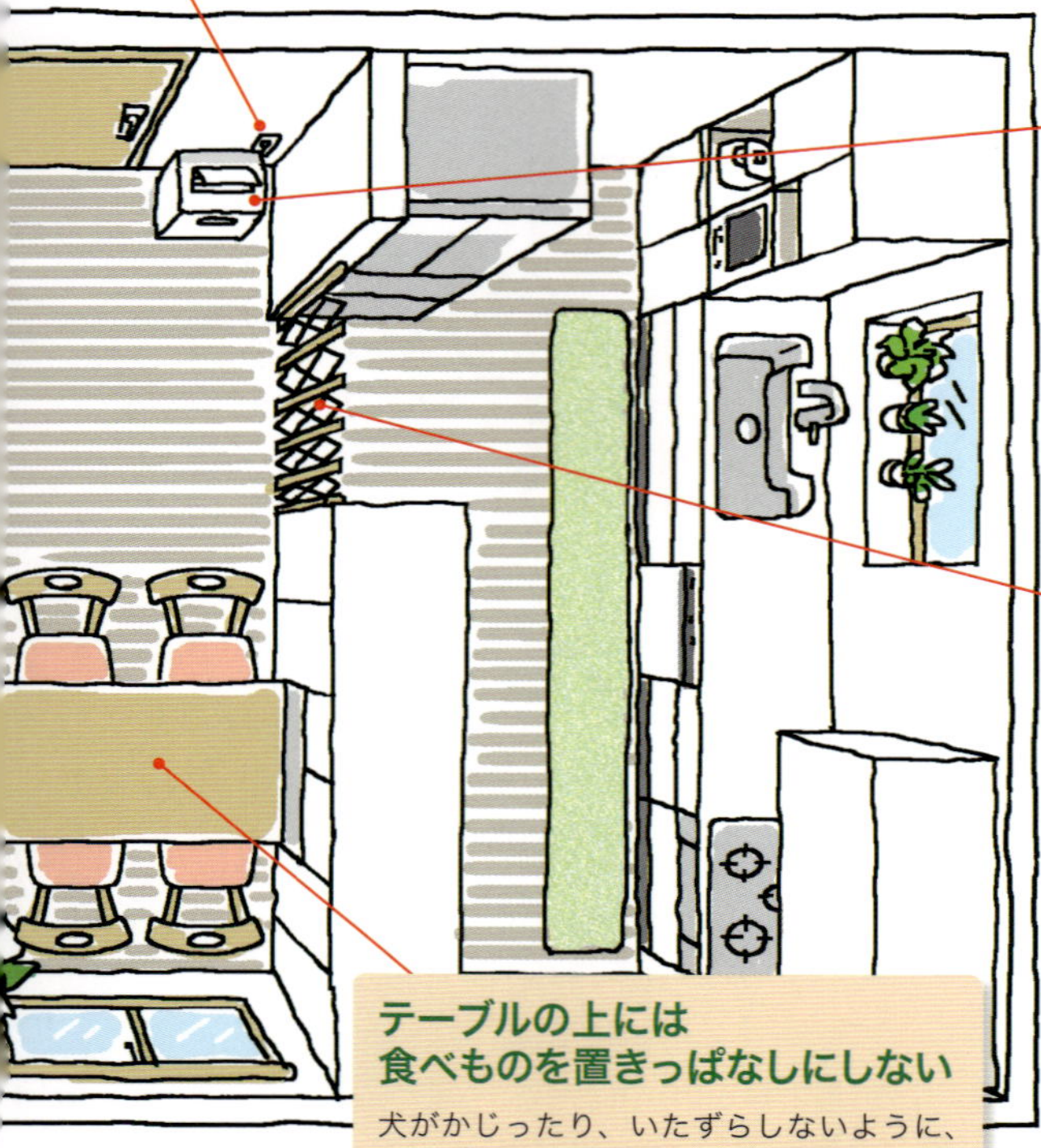

空気清浄機などでニオイ対策

犬と暮らしていると、どうしても室内にニオイがこもりがち。換気扇を回す、空気清浄機を使うなどして、快適な空間にしよう。

入られたくない場所は、しっかりガード

犬を入れたくない場所、キッチンのように危険がある場所は、入れないようにドアを閉める。またドアがない場合は、間仕切りゲートなどで進入禁止にしておく。

テーブルの上には食べものを置きっぱなしにしない

犬がかじったり、いたずらしないように、テーブルの上などには、なるべくモノを置かないようにする。犬の届かない高い棚の上に置くなどの工夫を。

事故防止の工夫をしておこう

犬と飼い主さんが快適、安全に暮らすためには、住環境の見直しや改善が欠かせません。

犬を迎える前に、犬にとって危険なものや場所がないかをチェックして、事前に環境整備をしておきましょう。犬が入ってほしくない部屋があれば、入れないようにすることも大切です。

また犬の体の大きさによって、必要なスペースも違ってきます。小型犬ならワンルームマンションでも飼うことはできますが、大型犬を飼うならそれ相当のスペースがないと、犬も飼い主さんも息苦しくなってしまいます。

住環境を快適に整備して、お互いがハッピーに暮らせるようにしましょう。

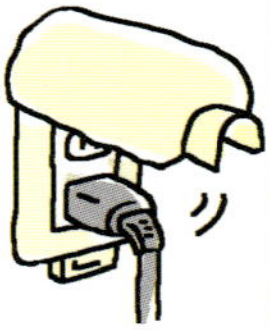

季節によって、温度・湿度管理を適切に

犬は寒さに強く、暑さに弱いといわれるが、短毛種の場合などは寒さ対策も必要。愛犬に合わせた温度・湿度になるように冷暖房を調節しよう。

電気コードなどは目につかないように

犬がかじると、感電や漏電事故につながることも。電気コードは壁沿いを伝わせたり、家具の後ろを通すなど犬が触れない工夫を。市販のコードカバーやコンセントカバーも活用しよう。

犬専用スペースを設ける

飼い主さんの目が届く範囲で、犬がリラックスして過ごせる場所にハウスを設置しよう。風通しがよく、直接日が当たらない明るい場所がよい。また、人の出入りが少ない場所がよい。エアコンの風が直撃する場所は避ける。

すべりにくい床にする

フローリングの床はすべりやすく、犬が股関節を傷める原因になることも。犬が過ごす場所にはカーペットを敷くなど、すべりにくくしておこう。

ライフスタイルに合った住環境を

飼い主さんが留守がちの場合

➡ サークルにクレートとトイレを

飼い主さんがいないことが多い場合、広めのサークルにクレートとトイレを入れてあげるとよい（56ページ参照）。

飼い主さんが家にいることが多い

➡ トイレとハウスの場所を分ける

飼い主さんの目が行き届く時間が長いなら、トイレとハウスの場所を分けてあげてもよいでしょう。

Column

人気動物園に学ぶ
犬と人とが幸せに共存するヒント

犬が人と共生するにはある程度のしつけは必要。だからといって、制限ばかりするのはNGです

動物園では、できるだけ野生環境での行動をできるようにするのが常識に

動物の生態やそれに伴う能力が自然に出るように工夫された展示方法である「行動展示」をする動物園がだんだん増えてきています。

北海道の旭山動物園がこの展示方法を取り入れて、日本でも有名になりました。前園長の小菅正夫氏は、著書の中でこんな話を教えてくれています。

小菅氏がまだ子どもだったころ、お祖母様に連れられて行ったお寺の住職に、こんな質問をされました。

「地獄とはなんだと思う？」

少年だった小菅氏が答えられないでいると、

「それは、やりたいことができないことだ」

と言われたそうです。

その後、動物園の園長になり、行動展示を取り入れるようになって、折に触れてこの話を思い出すそうです。

そうして改善していった結果、旭山動物園は、スター動物である、パンダやラッコ、コアラがいないにもかかわらず、２００４年には、入場者数が日本一になる人気動物園になりました。

家で飼われている犬たちは、やりたいことができているだろうか？

犬を飼うときは「しつけをしなければならない」という常識があります。たしかに、犬と一緒に暮らす場合、人間の生活に合わせて習性を変えてもらわなければ、都合が悪いこともあります。しかし、あまりにもやりたいことを制限するのは、「地獄」と同じではないでしょうか？

共生のためには、迷惑をかけない、危険が及ばないことを確認し、最低限のことを犬に教える必要があります。一方で、できるだけ犬らしく生きられるように、人間も努力する必要があるのではないでしょうか。

PART 2

快適に暮らすための生活ルールと習慣を教える

トイレ、ハウス、食事のしつけ

犬も人もハッピーなライフスタイルとは？

楽しく安全に暮らすための〝幸せ習慣〟を

犬と一緒に暮らすためには、人間も犬もハッピーになれるライフスタイルを作っていくことが大事です。犬にガマンを強いたり、飼い主さんが犬に振り回されていては、一緒に暮らすことが楽しくなくなってしまいます。

中でも生活の中で最も大事な〝食・住〟のルールづくりをしっかりすることは、犬と生活をともにする上で欠かせません。

2章では〝住〟に関わるトイレト

清潔、快適な暮らしのための トイレのしつけ

➡ 50ページ

トイレのしつけを成功させるコツは、子犬を家に迎えたらすぐにすること。最初にトイレの場所を覚えさせますが、オヤツをうまく使って、「ここで排泄すれば、いいことがある」と犬が理解できるようにしましょう。失敗したからといって怒るのは、逆効果。「できたらほめる」を基本に、犬のやる気を引き出して覚えさせましょう。

ハウスのしつけ は、安心に暮らす基本

➡ 60ページ

犬は縄張りを持つ動物なので、安心して過ごせる“自分の場所＝ハウス”があると落ち着いて過ごすことができます。ただしそこが犬にとって安全で居心地がいい場所であることを理解させないと、ハウスに入るのを嫌がってしまいます。ハウスのしつけができると、お留守番や来客のときなどでも静かに過ごすことができます。

ごはんタイムを楽しむための 食事のしつけ

➡ 70ページ

犬にとって、ごはんはとっておきのお楽しみの時間。しかし食べたいものを制限なく与えたり、味のついた人間の食べ物をあげるのは、健康によくありません。適量のドッグフードをあげるようにして、健康的な食生活を守るようにしましょう。

レーニングやハウスや留守番のしつけ、そして〝食〟にかかわる食事のしつけの方法とコツを紹介していきます。

特にトイレのしつけは、うまくいかないと悩む飼い主さんが多く、できたと思ってもまた失敗……という繰り返しになってしまうケースもあります。

うまくいかない理由の多くは、犬の習性や本能を理解しないでしつけをするからです。

失敗したときは、なぜ失敗したのか理由を考え、環境整備をしてあげることも大事です。

また、留守が多い飼い主さんと、家にいることが多い飼い主さんでは、しつけが必要な場面も違ってくるものです。

自分のライフスタイルに合わせて、必要なしつけをしていくようにしましょう。

「トイレ」と「ハウス」をまずは教えよう

快適に暮らすために「トイレ」のしつけは欠かせない

犬と暮らすうえで、一番大事といえるのがトイレのしつけです。子犬を迎えたら、まずはすぐにトイレの場所を教えてあげましょう。

また飼い主さんのコマンド（指示）で排泄するようにトレーニングすることもできます。車での外出や旅行に連れて行くときなど、できるようになっていると安心です。

犬が学習するかしないかは、飼い主さんの教え方次第。失敗しても怒らず、根気強くしつけしましょう。

「ハウス」ができるようになれば安心して暮らせる

犬を飼うときは、必ず〝ハウス〟を準備しましょう。ハウスとは、犬が誰からも邪魔されずに安心して過ごせる場所。しつけを通して「ハウスは快適で安心な場所」だということを教えてあげましょう。

ハウスで過ごせるようになると、飼い主さんの不在時も落ち着いて留守番できるようになります。「狭いところに閉じ込めるみたいでかわいそう」と思う人もいるかもしれませんが、そんなことはありません。

トイレとハウスがしつけられれば…

快適に飼い主さんと共に暮らせる

家の中のどこでも排泄をされたり、四六時中かまってほしいと吠えられたりするのでは、いくらかわいくても、飼い主さんもストレスが溜まってしまいます。トイレとハウスを覚えることで、犬も飼い主さんも心穏やかに、ハッピーに生活できるようになります。

安心してお留守番ができる

「留守番中に物をかじったりして困る」という飼い主さんからのお悩みは多いもの。ハウスで落ち着いて過ごせるようになれば、犬は安心して留守番できるようになります。普段から時間を決めてハウスで過ごす習慣をつけておきましょう。

犬のしつけのコツ

□ ほめて教える

犬のしつけの最大のポイントは「ほめて教える」こと。しつけをするときはごほうびのオヤツを上手に使い、「これをすると、いいことがある」と犬にわからせてあげましょう（30ページ参照）。

□ 根負けせず、繰り返し教える

何度か教えたのにできないと「うちのコ、おバカなのかしら？」と不安になる飼い主さんもいるかもしれません。でも根負けしないで、繰り返し教えてあげることで、覚えてくれます。あきらめずに根気よく、しつけをしましょう。

□ 失敗しても叱らない

トイレを失敗したりしたときに叱られても、犬は何で飼い主さんが叱っているのかわかりません。逆に叱られることで、「飼い主の気を引くことができる」と勘違いしてしまう場合も。失敗したときは叱らずに、できたときにほめてあげるようにしましょう。

NG 怒鳴ったり、体罰を与えたりすると犬との信頼関係を壊してしまう

しつけがうまくいかないと、飼い主さんも感情的になってしまうかもしれません。でもそんなときに感情にまかせて怒鳴ったり、体罰を与えることは絶対にダメ。犬は飼い主さんのことを信じられなくなり、信頼関係が壊れてしまいます。

トイレトレーニングの基本

たくさんほめて犬に自信を持たせよう

トイレトレーニングは、「できたらほめて、犬にしっかり学習させる」ことが大事です。犬が決められた場所で排泄をしたら、すぐにほめてあげるのがコツ。時間がたってからほめられても、犬はなぜ自分がほめられているのかわかりません。

うまくできたら、お気に入りのごほうびフードをあげて、しっかりほめてあげましょう。それを繰り返すことで犬は自信をつけて、他の場所で排泄をしないようになります。

トイレのしつけに必要なグッズ

▼サークル

四面が囲われたサークルを用意。床がトレーになっていて、犬の体の２～３倍くらいあるもの。トイレ用として使用する。

◀ハウス（クレート）

中に入ると完全な個室になる、クレートをハウスにする。鼻先から尾までの長さより奥行きがあり、オスワリしたときに頭が天井にぶつからないものがよい。

▶トイレシート

シートの大きさは体の２倍が目安。一般に小型犬ならレギュラーサイズ、中型犬、大型犬はワイドサイズのものを選ぶとよい。

排泄の回数が多い子犬のうちがしつけしやすい

トイレは、子犬のときにしっかり教えるのがベスト。

子犬を家に迎えたら、すぐにトイレのしつけを始めましょう。

子犬は成犬に比べて排泄の回数が多いので、トイレのしつけの機会が多くあります。

トイレが覚えられれば、飼い主さんも安心して犬と暮らせますね。犬も家の中で自由に過ごせるようになり、お互いがハッピーになれます。

寝起き、食後、運動後がしつけのチャンスタイム

犬は、寝起き、食後、運動後に排泄する可能性が高くなります。

このタイミングを狙って、犬が排泄する様子を見せる前に、サークルで囲ったトイレに入れて排泄するまで待つようにします。排泄したらよくほめて、ごほうびのオヤツをあげて、サークルから出してやります。

留守がちな飼い主さんは朝起きてすぐ、家に帰って食事をあげた後などにしつけをしましょう。

排泄のサイン

タイミングはいつなの？

- 寝起き
- 食後
- 水を飲んだあと
- 遊びや散歩のあと
- 床のにおいをかいで落ち着かないとき
- その場をクルクル回るしぐさを見せたとき

トイレのしつけのコツ

☐ **チャンスを見極める**

起床してすぐ、ごはんの後、運動した後など、排泄しやすくなるときに、上手にトイレに誘導しましょう。

☐ **できたらオヤツをあげてほめる**

「成功したらオヤツがもらえる」と覚えると、失敗が少なくなります。ごほうびのオヤツをうまく使いましょう。

基本のトイレトレーニング

子犬にトイレを教えるときは、排泄のタイミングを見て、上手にトイレに誘導してあげることが大事です。犬につきっきりになりますが、短期間で覚えさせることができます。

1 排泄のタイミングを捉える

起床してすぐ、食後、運動後、水分をとった後、興奮した後など、排泄しやすいタイミングを見て、トレーニングする。

2 トイレに誘導

クレートで休んでいるときはドアを開けて、オヤツを使ってトイレサークルまで誘導する。食後や運動後は、オヤツを使って犬が自分からトイレサークルまで行くように促す。

3 入口から入らせる

トイレサークルの入口から入らせて、ドアを閉める。抱っこしてサークルの上から入れると自分で入ることを覚えないので、うまく誘導しよう。

クレート飼いのトイレの基本

サークルにトイレシートを敷き、ここをトイレとします。最初はクレートと近い場所にトイレを設置して、トイレまで行くことをオヤツで誘導して教えます。

4 コマンドで促す

排泄のしぐさをするまで、静かに待つ。排泄を始めたら、やさしく「ワンツー、ワンツー」などのコマンド（かけ声）をかけてあげる。

5 できたらすぐにほめる

排泄が終わったら、すぐにほめてあげる。やさしい口調で「イイコ」「エライね」などと言いながら、ごほうびにオヤツをあげる。

6 外に出して遊ばせる

トイレサークルのドアを開けて、外に出す。時間があれば、遊んであげたり、散歩に出かける。オヤツよりも、遊んでもらうことがごほうびになる犬もいるので、犬が喜ぶことをしてあげるとよい。

ここが
ポイント

「ワンツー　ワンツー」のかけ声＝コマンドをうまく活用する

排泄している最中に「ワンツー、ワンツー」などのコマンド（かけ声）をかけてあげると、犬はそれをトイレの合図だと認識するようになります。そして外出先などで、タイミングを見てかけ声をかけることで、うまくトイレを済ませられるようになります。

仕上げのトイレトレーニング

**飼い主さんが誘導すれば排泄するようになったら、
次は自分からトイレに行けるようにしましょう。
繰り返すことで、「トイレに行く」行動が定着していきます。**

STEP 1 誘導しなくてもトイレに行けるようにする

トイレに
行きたくなって
きたよ～

クレートから出したあと、誘導せずに犬の様子を観察。自分からサークルに入ってトイレができたら成功。

STEP 2 トイレでできたら、思い切りほめる

イイコ、
イイコ～！
ヤッタ～！

自分からできるようになるのは、大きな進歩。「ヨシヨシ」「イイコ」など声をかけながら、思い切りほめてあげよう。ごほうびのオヤツもランクアップすると良い。

排泄後でも成功したらほめることが大事

最初のうちは、飼い主さんが誘導してトイレに連れて行きます。誘導すれば排泄できるようになったら、今度は犬が自分からトイレに行けるように見守ってあげましょう。

犬をクレートから出して、排泄したくなったら自分からトイレに行くかどうかを見守ります。

上手に排泄できたら、しっかりほめてあげましょう。やさしく声をかけたり、ごほうびのオヤツをあげることで、犬は「自分からトイレに行くと、いいことがある！　次もそうしよう！」と思います。

慣れてきたら、少しずつトイレサークルから離れた場所で遊ばせるようにします。少しずつ行動範囲を広げていき、犬が広い場所で遊べるようにしていきましょう。

STEP 5 トイレの位置を変えるときは、少しずつ

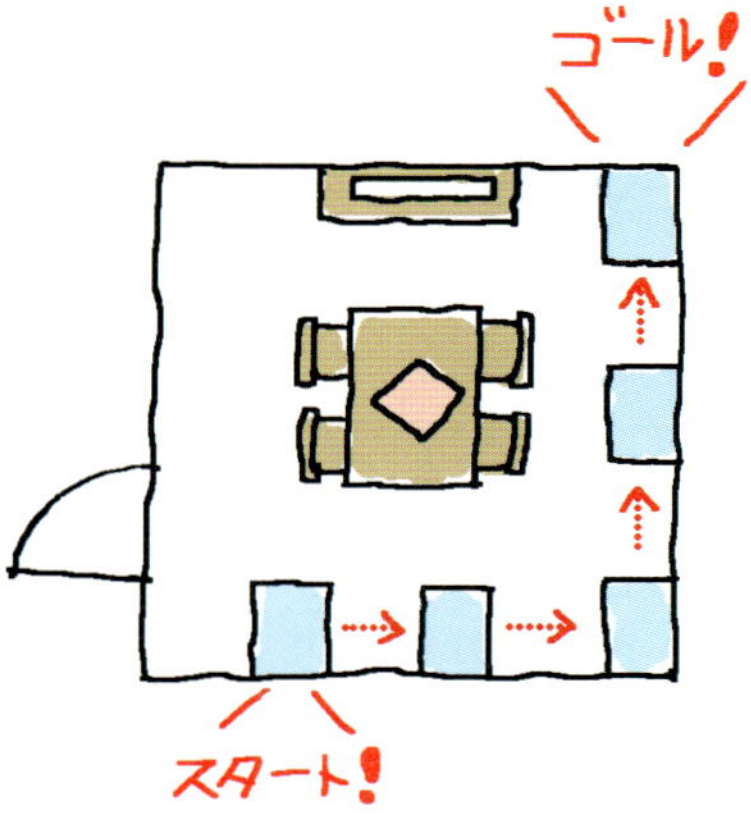

トイレを別の場所に移動したいとき、急に変えると犬が迷って失敗するようになることも。毎日少しずつ移動するようにすれば、失敗が少ない。

ここがポイント
排泄するのを目撃したときほめてあげて

自分でトイレに行けるようになってからも、排泄するのを目撃した時だけでかまわないので、その都度ほめてあげると効果的です。オヤツがあればあげて、なければ「イイコ」などと声をかけてほめてあげましょう。

STEP 3 少しずつ離れた場所で遊ばせる

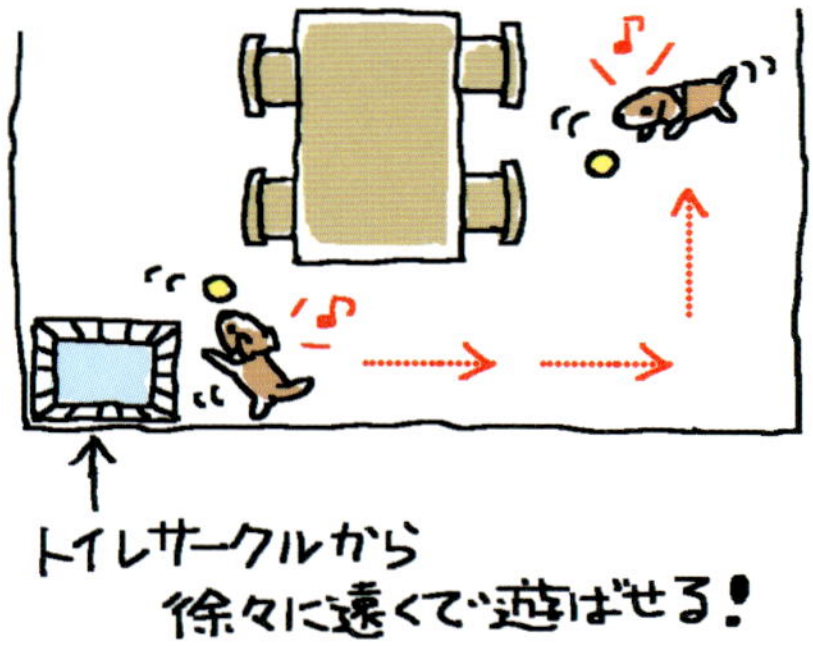

クルクル回ったり、ニオイを嗅ぐなど排泄しそうな様子が見られたら、すぐトイレに行くように指示。自分でトイレに行くようになったら、少しずつサークルから離れた場所で遊ばせる。時間も徐々に長くして、いつも自分でトイレに行けるよう練習する。

STEP 4 サークルをはずす

トイレを覚えたら、サークルの正面の1枚をはずす。問題なくできるようなら、トレーだけにする。失敗するようなら、再度サークルの囲いを戻して練習を繰り返す。

留守がちな場合のトイレトレーニング

外出していることが多い飼い主さんは、つきっきりでトイレトレーニングをするのは難しいことでしょう。しかしトイレを失敗しないように環境整備をしてあげれば大丈夫。

サークルの中にトイレとハウスを設置する

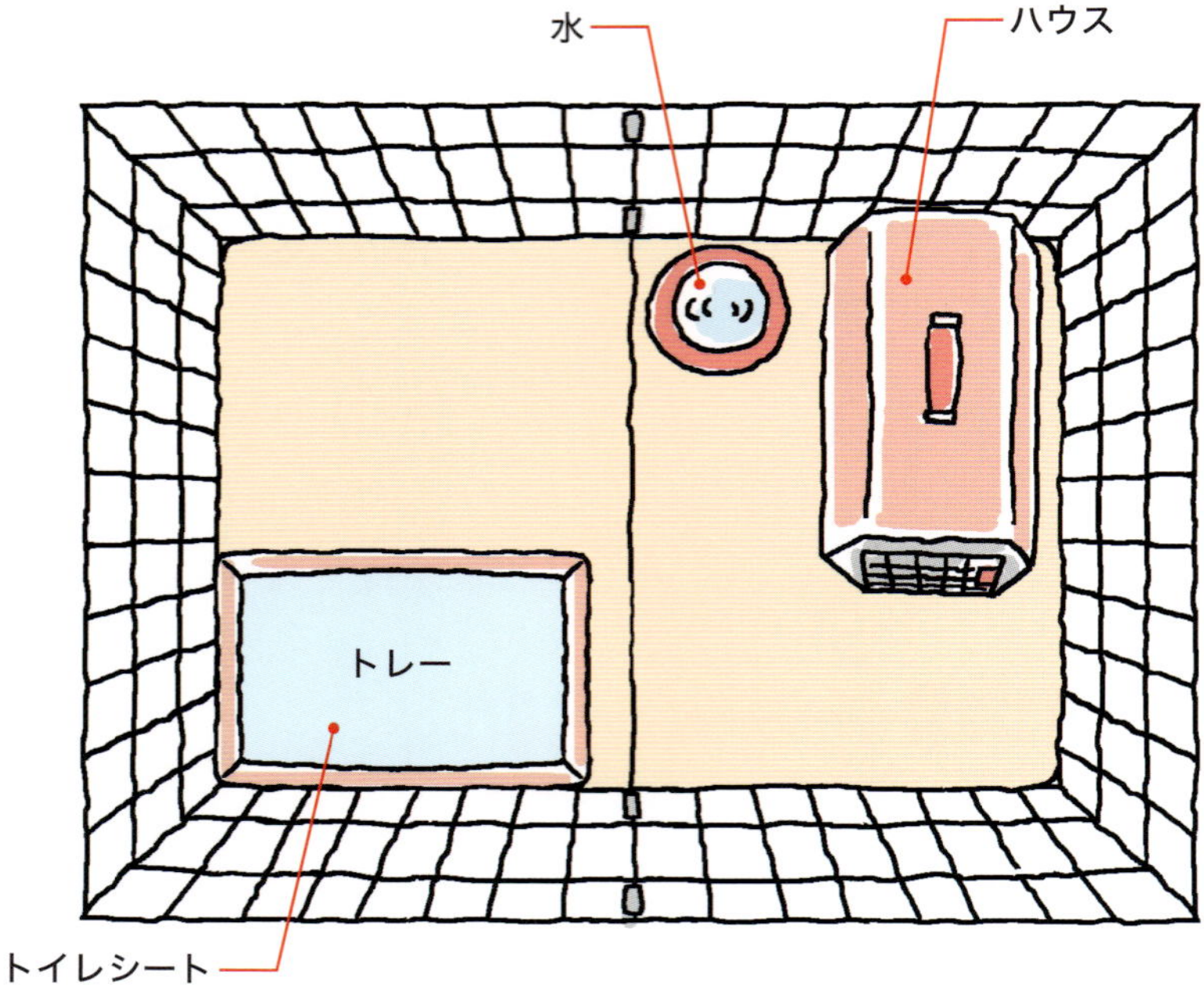

タイミングを逃さずほめてあげよう

トイレのしつけは、子犬を家に迎えてからすぐにしたいものです。これまでのパートで紹介してきたように、コツは「犬がトイレで排泄できたら、すかさずほめること」です。

お仕事などであまり家にいられないという飼い主さんは、一緒にいられる時間が限られます。

その場合は特に、家にいられる時に排泄の瞬間を見逃さないようにすることが大切です。

留守中の犬の居場所は大きめのサークルにして、一面にトイレシートを敷き詰めます。そして最初に排泄した場所にトレーを起き、ここをトイレにします。トイレシートを敷きっぱなしにすると失敗するケースが多いです。トレーを置いたら、トイレシートは外しましょう。

留守がちな場合のしつけのポイント

POINT 1 最初は一面トイレシートでOK

トイレの場所が定まるまでは、サークルの中一面にトイレシートを敷いてあげて。飼い主さんがいないときに排泄しても、体が汚れにくく安心です。場所が決まってきたら、トイレトレーを入れて、他のシートを外しましょう。

POINT 2 時間があれば、たっぷり遊んであげる

時間があるときは、さらにサークルの外に出して、おもちゃなどを使い15〜30分くらい遊んであげて。

POINT 3 家にいるときは、排泄の瞬間を見逃さずにほめる

家にいるときは、排泄の瞬間を見逃さないようにしましょう。トイレトレーで排泄したら、「イイコ」などのほめ言葉にプラスしてごほうびのオヤツもあげましょう。そうすることで、「トレーでしたら、ごほうびがもらえていいな」と犬が理解できます。

ステップアップ！ 自分でトイレに行けるように促す

確実にトレーの上で排泄できるようになったら、ステップアップ。サークルの外で遊ぶ時間を徐々に長くして、犬が自分からサークルに入ってトイレをするように覚えさせましょう。

成犬になってからのトイレトレーニング

「成犬になってもトイレでできない」という悩みをもつ飼い主さんは多いようです。子犬に比べると時間はかかりますが、しっかりトレーニングすれば覚えてくれます。

教えなければ、犬はトイレの意味がよくわからない

子犬の頃に、自由に行動させていた犬は、サークルの中に入るのを嫌がることも。行動範囲を制限されることを嫌い、「出して！」と吠えるかもしれませんが、辛抱強く短期集中でトレーニングしましょう。

基本は子犬と一緒
短期集中でほめて教える

トイレのしつけは、子犬のうちにしておくのがベスト。とはいうものの、成犬になってからでも教えられないわけではありません。

成犬にトイレを教えるのは、子犬より時間がかかりますが、短期集中でしっかり教えてあげるといいでしょう。

連休などを利用して、2〜3日つきっきりでトレーニングをするのがおすすめです。

基本的なトレーニング方法は、子犬に教えるのと同じです（52〜53ページ参照）。

失敗しても、叱るのは禁物。ほめる回数が多いほどスムーズに進むので、お気に入りのごほうびフードを利用して、犬のやる気を引き出してあげましょう。

POINT 1
2〜3日集中して教える

成犬にトイレを教えるときは、2〜3日集中して、つきっきりでするのがおすすめ。子犬よりも排泄の回数が少ないので、朝起きてすぐ、食事の直後、運動したり遊んだ後など、排泄しやすいタイミングを見逃さずにトイレを教えることが大切です。

POINT 2
犬のやる気を引き出す

まず大切なのは、「トイレで排泄すると、いいことがある」と覚えさせ、犬のやる気を引き出すことです。ほめる回数が多ければ多いほど、犬のモチベーションが上がってしつけはスムーズに進むもの。成功したタイミングを見逃さず、オヤツをあげて大いにほめましょう。

POINT 3
トイレににおいをしみこませてみる

トイレシートに確実に排泄できるようにするには、その犬のおしっこを染み込ませたり、ほかの犬のにおいをつけておくと効果的。とくにオスの場合は、メスのにおいをつけておくのもよいでしょう。ただ汚れたシートだと排泄したがらないコもいるので、様子を見てあげて。

ハウスのしつけの基本

ハウス＝居場所が決まれば犬は安心して暮らせる

犬は縄張りを持つ動物です。そこにいれば安全だと思える場所があると、安心できます。

「狭いクレートの中に入れておくのはかわいそう」という飼い主さんもいますが、そんなことはありません。そこにいるときは誰からも触られない、邪魔をされない場所（＝ハウス）があることで、犬は安心して暮らせます。

留守番するとき、外出するときなども、ハウスで落ち着いて過ごせるようにしつけをしておけば、犬も飼い主さんもハッピーですね。

ハウスのしつけのコツ

□ 根負けせずに、繰り返し教える

ハウスから出してほしいと犬が吠えると、つい根負けして出してしまいたくなります。しかし「吠えれば出してもらえる」と学習してしまうと、その後も繰り返すように。子犬のうちに、しっかりしつけをしましょう。

□ 自由にさせ過ぎない

いたずらする可能性がある場合、目の届かないところへ行かせてしまうと、電気のコードをかじってしまったりして危険です。見ていられないときは、安心できる場所（＝ハウス）にいれておくと安全に過ごすことができます。

□ できたらごほうびをあげてほめる

「ハウスに入るといいことがある」と覚えさせてあげることが、ハウスのしつけの基本です。まずはお気に入りのオヤツを使ってハウスに誘導し、オヤツを詰めたおもちゃを与え、長くいられるようにしましょう。

ハウスが覚えられるとこんなメリットが！

- 留守番が安心してできる
- 車や電車での移動がスムーズ
- 犬が苦手な人が訪れても大丈夫
- こわがっているときに、穏やかな気分に
- 興奮しているとき、落ち着ける
- 災害避難時も安心

ハウスの置き場所は？

リビング

犬は家族のそばにいると安心します。できれば人がいることが多い、リビングに置いてあげましょう。直射日光が当たる場所や、エアコンの風が直撃する場所、開閉の多いドアの近くなどは避けましょう。

落ち着ける場所

留守番するときや、夜寝るときは、なるべく静かで落ちつける場所がいいでしょう。なお留守番で長時間ハウスで過ごすときは、温度も湿度も快適になるようにエアコンなどを使って調整してあげて。

ハウスの適正な大きさは？

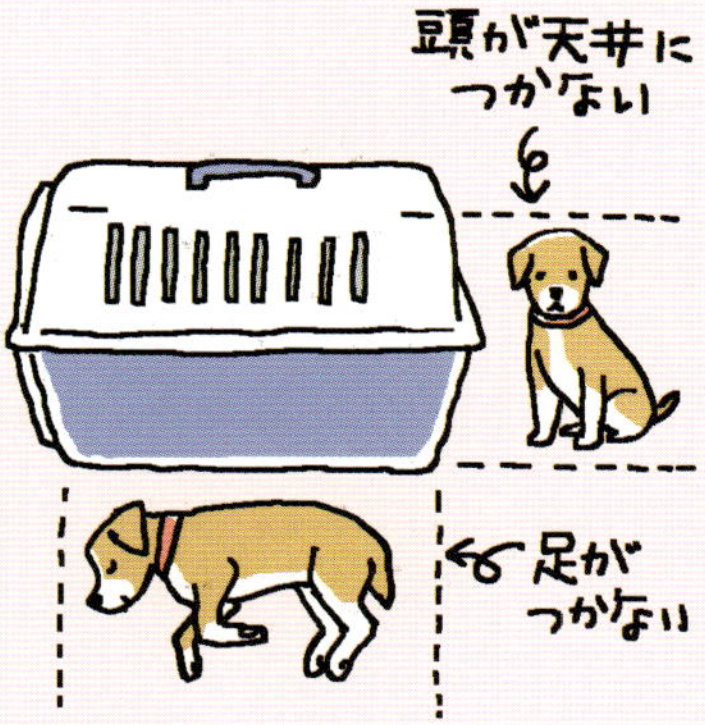

クレートをハウスとして使う場合は、オスワリをしても頭が天井に届かず、寝そべっても足がつかえないくらいの大きさが目安。狭いところに入ると安心する習性があるので、広すぎるのもよくありません。

子犬のハウスの例

子犬は、成犬に比べて排泄を我慢できる時間が短いので、様子見てトイレに誘導を。万が一そそうしてしまったときに体が汚れないようにしてあげると安心です。

クレートで飼っている場合

子犬はクレートから出してあげるまで我慢できず、中で排泄してしまうことがあります。すのこを入れて、その上に大きめのタオルを敷いてあげると、万が一そそうしたときも体が汚れません。

サークルで飼っている場合

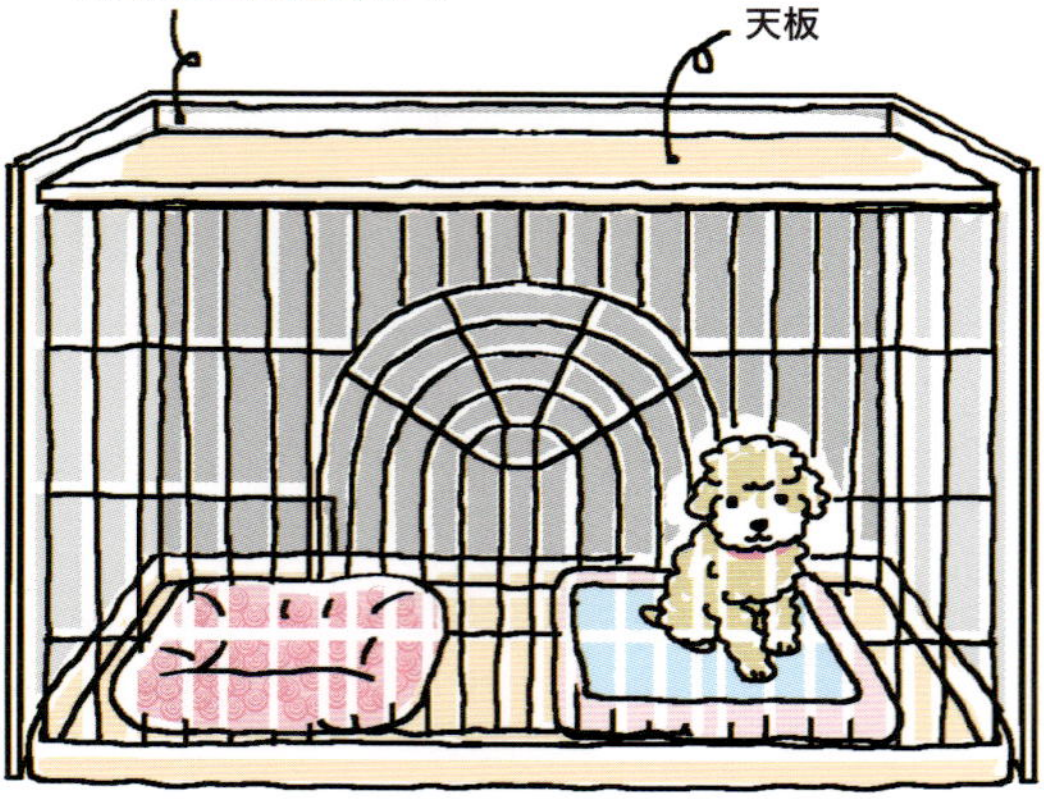

サークルをハウスとして使う場合は、中にトイレを入れられるので、トイレのしつけができていれば体を汚す心配はありません。ただし上が開いているので脱出してしまうことも。天板をつけたり、落ち着けるように入り口以外の面を覆うといいでしょう。

成犬のハウスの例

クレートは体の成長に合わせて、ちょうどいい大きさのものを用意してあげましょう。長時間の留守番では、サークルの中にトイレとサークルを入れてあげるといいでしょう。

落ち着いて過ごせるようになったら

OK!
トイレタイムなのね
6～7時間に1度
外に出して
トイレタイム!

クレートの扉を閉めても落ち着いて過ごせるようになったら、必要なときだけ入れて、あとは自由にしても OK。中に入っているときは、なるべくかまわないようにしましょう。長時間入ってもらうときは、6～7時間で一度外に出して、排泄させましょう。

長時間の留守番のときは

扉を開けたクレート
トイレ

留守番が長時間にわたるときは、サークルの中にクレートとトイレを設置するのもおすすめ。クレートの扉を開けておけば、落ち着きたいときはそこに入り、排泄したくなったらトイレに行くことができます。

ハウスに慣らすトレーニング

**「ハウスは安心できる自分の居場所」と犬がわかるように、
お気に入りのオヤツをうまく使い、トレーニングしましょう。
最初は犬の様子を見ながら短めにして、少しずつ時間を長くしましょう。**

1 おもちゃにオヤツを入れる

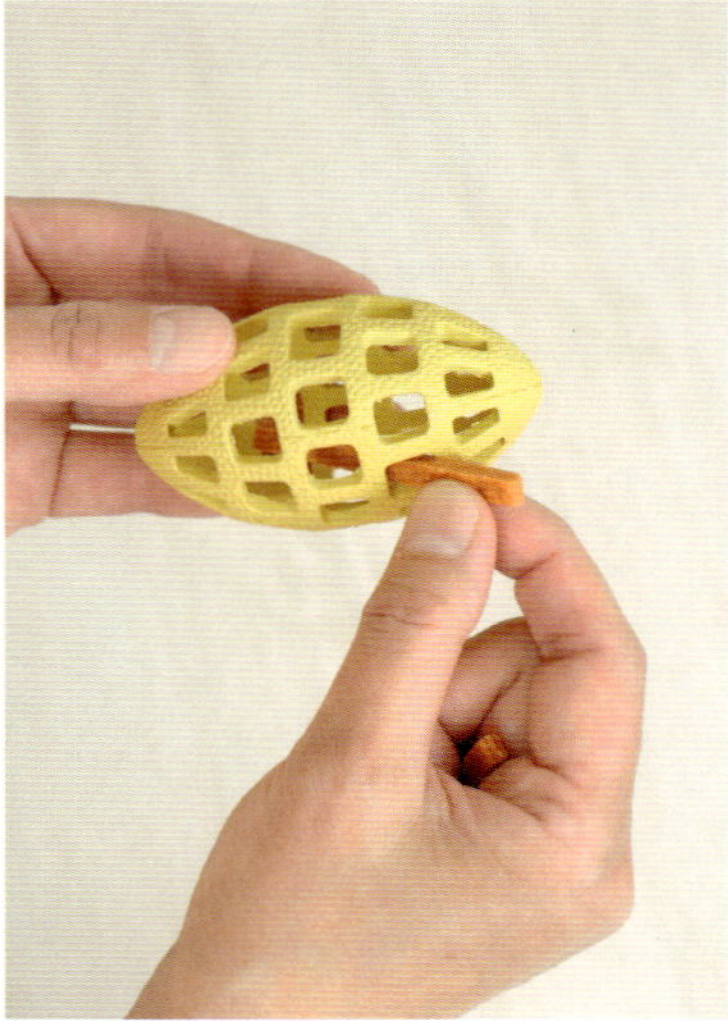

犬をハウスへ誘導するには、お気に入りのオヤツを入れたおもちゃを使うと効果的。

2 おもちゃで誘導し、「ハウス」と声かけする

クレートの中におもちゃを入れ、犬が中に入ったら「ハウス」と声をかける。

安心できる場所になるようにしつけを

犬は自分のテリトリーをとても大切にする動物です。安心安全を感じられるハウスは、犬にとって欠かせない場所です。

室内で犬を飼う場合、人と犬の両方が安全に、安心して暮らすために、ハウスのしつけは欠かせません。子犬を家に迎えたら、すぐにハウスのしつけを始めましょう。

このとき大事なのが、犬がハウスのことを「ここが自分の居場所なんだ」と自覚してくれること。

体を押して無理にクレートの中に入れようとしたり、ハウスから出ようとするのを叱りつけたりしたら逆効果です。

お気に入りのオヤツをおもちゃに入れて、これでハウスへと誘導するのがポイントです。

4 少しずつ滞在時間を長くしていく

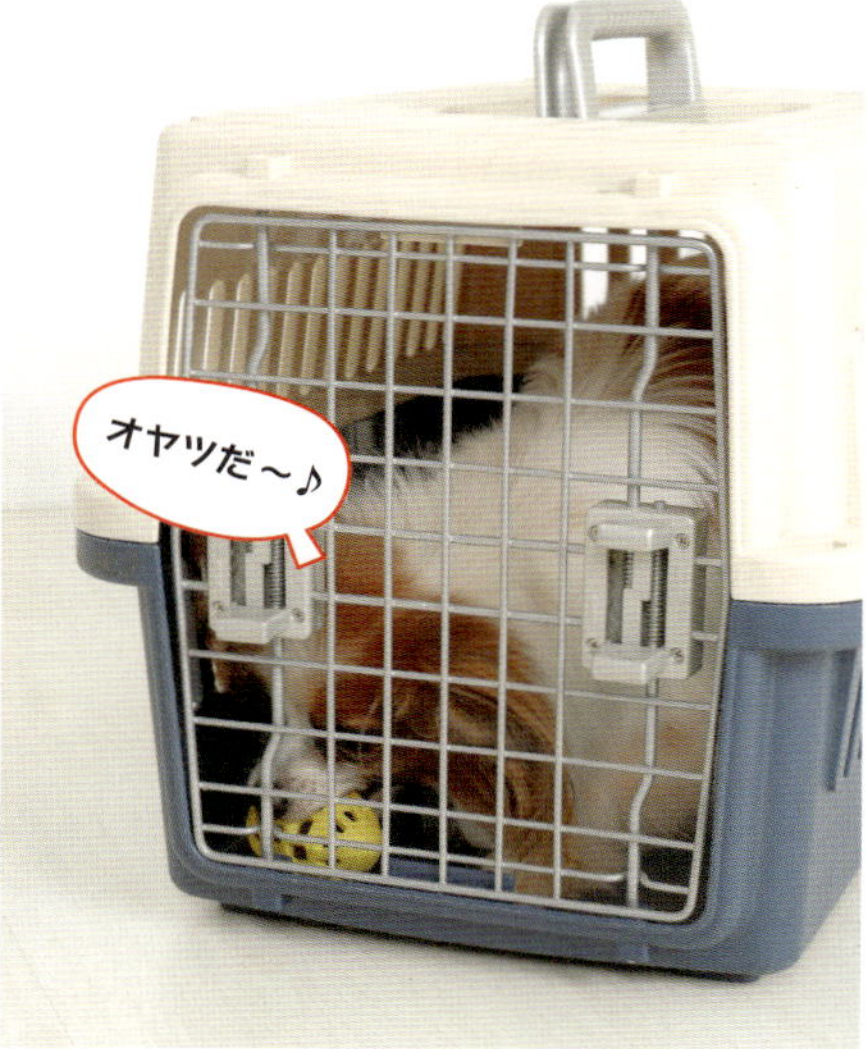

短い時間からはじめ、だんだん滞在時間を長くする。次第に長い時間でもハウスの中でおとなしく留守番できるようになっていく。

3 クレートの扉を閉める

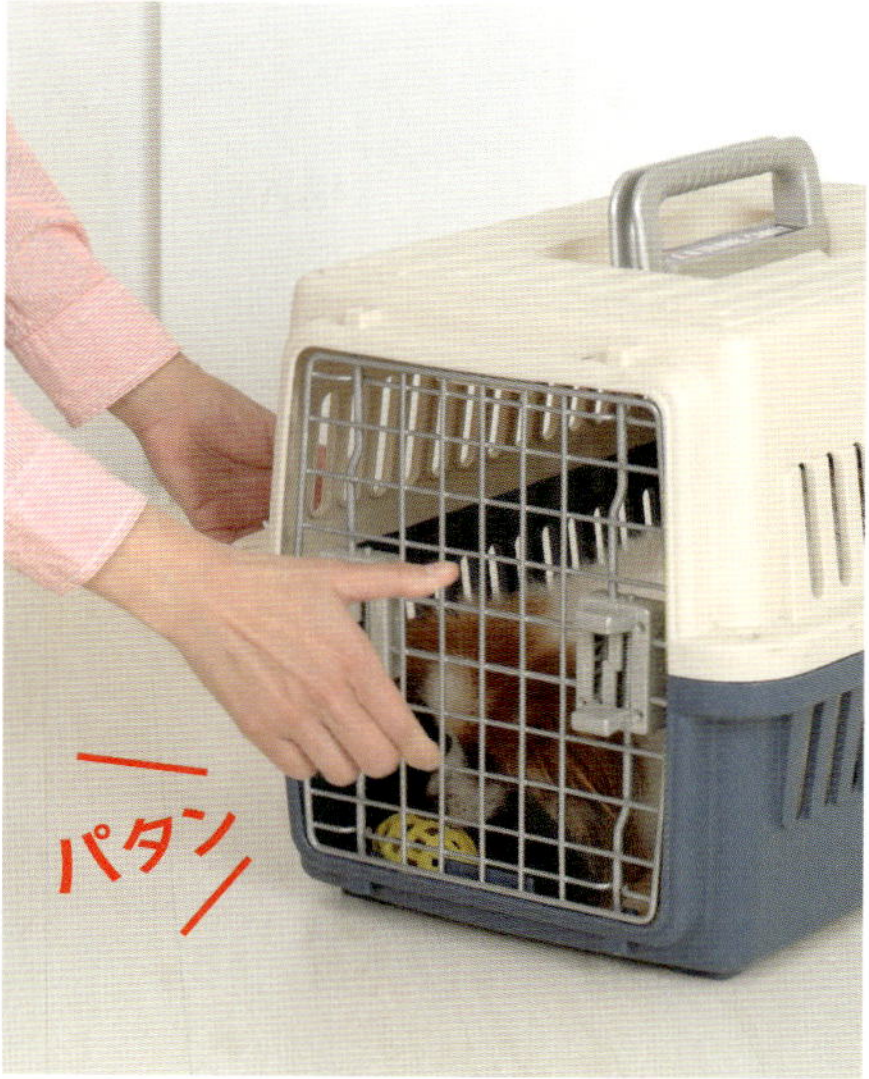

おもちゃに夢中になっているうちに、扉を閉めて、様子を見る。

ここがポイント

ハウスで落ち着けるようになれば、電車や車での移動もOKに！

ハウスのしつけは、家の中で過ごすとき以外にもいろいろな場面で役立ちます。獣医さんのところへ連れていくときも、クレートに落ち着いて入っていられるようになれば、スムーズです。帰省や旅行などで電車や車で移動するときも、安心ですね。また来客時も「ハウスに入っていれば安全」と犬が理解してくれれば、むやみに興奮して吠えることがなくなります。

留守番上手な犬になるコツ

ハウスのしつけができていることが大事

ハウスのしつけがきちんとできると、飼い主さんや家族が留守の間でも、犬は落ち着いて留守番できるようになります。

普段から一切ハウスに入ることなく自由に暮らしていたら、犬は「閉じ込められるのは嫌だ」だと思い込むようになります。留守番のときだけハウスに入れようとしても、なかなかうまくいかないことでしょう。そのためにも、普段からハウスで過ごす時間をもつようにすることが大事です。

過干渉にご注意

犬はもともと群れで生活する動物なので、飼い主さんと一緒にいることが好きです。しかし、だからといって離れている時間をつくらないと、留守番のときに不安を感じすぎてしまう場合があります。普段から声をかけすぎたり、常に犬の姿を目で追ってみたり、過干渉になりすぎないよう、お互いの時間を過ごすことも意識しておくと良いでしょう。

自分の場所＝ハウスなら安心して過ごせる

人間同士と同じで、お互いが快適に過ごすためには、犬と人との関係にも適度な距離感が必要です。

常に飼い主さんとべったりで、「かまってほしいときは、いつでも飼い主さんが相手になってくれる」……。

こう思っている犬は、飼い主さんが出かけてしまうと、「急に自分だけ置いていかれてしまった!! どうしたらいいの??」と、強い不安やストレスを感じてしまいます。

留守番上手な犬になるためには、普段からハウスで落ちついて過ごせるようしつけることが欠かせません。

長時間の留守番の場合は、クレートとトイレトレー、飲み水をサークルに入れてあげるといいでしょう。犬が快適に、落ち着いた気持ちで過ごせるように環境を整えてあげましょう。

広い場所でいつも自由にさせるのは要注意

ハウストレーニングをしないで、いつでもフリーでいられる状態にしていると、こちらの都合で急にハウスに入ってもらおうとしても、不安を感じパニックを起こしてしまう場合もあります。

まずは「ハウスの中は自分が安心して過ごせる、落ち着ける場所」と犬にわかってもらう必要があります。

そのためには、飼い主さんが家にいる時にも、「犬はハウスの中、人は犬に構わずマイペースで過ごす」というように1日の中で別々に過ごす時間を持つことが大切です。ハウスに入れるようになったら、1日ベッタリ一緒にいても大丈夫ですが、たまに練習するとよいでしょう。

飼い主さんと犬がいい距離感を持って生活することが、愛犬の自立心を育て、留守番上手な犬になるためのコツといえるでしょう。

ハウスの中で留守番するトレーニング

「飼い主さんがいないときは、ハウスで寝ていればいい」

ということを、犬に理解してもらいましょう。

犬が大好きなオヤツを使うのが、しつけを成功させるポイントです。

1 オヤツを入れたおもちゃを与える

お気に入りのオヤツを入れたおもちゃで、ハウスへ誘導する。

2 扉を閉めて、軽く声をかける

ハウスの扉を閉めて、「いってくるね」と声をかけて出かける。

3 夢中になっいてるうちに出かける

おもちゃに夢中になっているうちに出かけてしまうと、飼い主さんがいないと気づいてもさほど犬は気にしない。おとなしくお留守番できる。

ここがポイント

声かけはしてもしなくてもOK

犬によっては、飼い主さんがお化粧をしたり、カバンを持っただけで、出かけると思って吠えることがあります。でも留守番のしつけをしっかりすれば、だんだんおさまってきます。なれてきたら、「いってくるね」などと声かけしても大丈夫です。もちろん犬によって性質はいろいろなので、声かけすると吠えてしまうという場合は、声をかけなくてもかまいません。犬の様子を見て判断しましょう。

留守番上手になるために普段から心がけたいこと

留守番が上手にできるかどうかは、生まれながらの
その犬の気質も関係します。
すぐにできなくても、根気よく続けることが大事です。

POINT 1

要求吠えに応えない

要求吠えに応えていると、犬は吠えれば自分の思い通どおりになると学習してしまいます。普段から要求吠えに応えないようにしておけば、ハウスでの留守番のときもむやみに吠え続けることがなくなります。

POINT 2

あきらめることを覚えさせる

人と暮らすうえでは、犬ががまんしなければいけない場面は少なからずあります。基本となるハウストレーニングで、ハウスに入ったらかまってもらえない、おとなしく過ごしていたほうがいいことを覚えてもらいましょう。

POINT 3

自立するまで一緒に寝ない

ハウスで寝られるようになる前にいっしょに寝るようにしてしまうと、ハウスで寝てほしいときに、一緒に寝たくて鳴くようになることがあります。留守番のときに影響する場合もありますが、大丈夫なこともあります。ハウスで落ち着いて寝られるようにすることがまずは大事です。

楽しいごはんタイムのための食事のしつけ

わーい！
ごはんだ♪

食事タイムは犬にとって一番の楽しみ

犬にとって、食事は一番のお楽しみタイム。落ち着いて食べられるように、食事のしつけをしましょう。

食事の「マテ」は、たとえば多頭飼育でほかの犬の食事を食べてしまうのを防ぐために有効です。でも、待たせなくても不都合がないなら、無理に「マテ」をさせなくてもいいでしょう。

また、食事の時に、とても長く待たせる飼い主さんがいますが、その必要はありません。大好きなごはんを前にむやみに待たされるのは、犬にとって大きなストレスになります。

ここがポイント

決まった時間に食事をあげなくてもOK

そろそろ
ゴハンの時間
なのに…
決まって
ないんだよ〜

食事の時間を厳密に決めてしまうと、その時間に要求吠えをするようになることがあります。飼い主さんの都合で時間は決めてかまいません。また食事を食べても物足りなさそうだからといって、おかわりをあげることも必要ありません。適量の食事をあげましょう。

食事をあげるときのしつけ

**食事のときはあわてて食べ始めないように、
「マテ」と声をかけて、軽く静止しましょう。
次第に体を押さえなくても、待っていられるようになります。**

1 体を軽く押さえて、「マテ」と声をかける

犬の前に食器を置いて、後ろから犬の体を軽く押さえて「マテ」と声をかける。

2 待っていられたら、手を少し離す

犬が自分で静止していられたら、少し手の力を緩める。

3 「ヨシ」「OK」で食事開始

最初は3秒くらいの時間待てたら、「ヨシ」「OK」などと声をかける。あまり長い時間待たせる必要はない。

食事中の警戒心をなくすトレーニング

食事中に人が近づくと、ごはんをとられると警戒心をもち、うなったり、吠えたりすることがあります。こんなときは、警戒心をなくすトレーニングをしましょう。

1 食事を始めさせる

飼い主さんが緊張していると、犬にも伝わってしまうので、リラックスした気分で見守ります。

2 手でチーズをトッピング

少し減ってきたら、手を意識させてからチーズをトッピングする。こうすることで、食事の途中で手が近づいても、横取りされるわけではないことを理解させる。

「ごはんをとる人」ではなく「くれる人」とわかってもらおう

食事中に飼い主が通っただけで、うなったり、吠えたりする犬がいます。これは犬が「食事をとられてしまう！」と警戒しているからです。

犬の警戒心をなくして、落ち着いて食べられるようにするためには、上で紹介しているトレーニングが効果的です。

犬が食べている途中で、チーズなどのお気に入りのフードをトッピングしてみます。

トレーニングをすることで、犬は「食事中に飼い主さんが近づいたり、手を出したりするのは、いいものをくれるとき」と理解します。このトレーニングを繰り返すことで、食事中に飼い主さんが横を通ったり、手を出しても怒らなくなります。

食事中の困った行動の対処法

ごはんを食べない

5～10分経ったら片づける

空腹になれば食べるのであまり心配いりません。いつでも食べられるように出したままにしておくと、食べ物に対する意欲が下がり、トレーニングで使うオヤツへの反応が悪くなることも。5～10分しても食べなかったら、片づけてしまいましょう。様子を見て、元気がなかったら獣医さんに相談しましょう。

ごはんをくれと何度もねだってくる

飼い主さんが量をコントロール

食べてすぐに、またごはんをねだる犬もいます。犬は人間とは違い、いくら食べても満腹感を得て満足することがありません。「ねだられたから」と応じていると、食べすぎてしまいます。必要な量を与えるように飼い主さんがしっかりコントロールしてあげて。

NG 犬にはこんな食べ物はNG！

愛犬の健康のためには、良い食材にこだわったものを与えるようにしましょう。人間の食べ物の中には、犬が食べると中毒を起こしたり、下痢を引き起こすものもあります。与えるときは気をつけましょう。

✖ 中毒を起こすもの
長ネギ、タマネギ、チョコレート、ココア、コーラ、コーヒー・お茶などのカフェイン類　など

✖ 飲み込むと危ないもの
鶏の骨、魚の骨など

✖ 下痢を起こす可能性があるもの
エビ、イカ、カニ、タコ、貝類、牛乳（犬用ミルクはOK）、しいたけ、こんにゃく　など

✖ 加工品、香辛料など
スナック菓子、ハム・ソーセージ・かまぼこなどの加工食品、とうがらしなどの香辛料　など

Column

障害をもった犬とのつき合い方

**犬の中には、生まれつき障害をもった犬もいます。
中西先生が自身の体験から語る、
「障害をもった犬といい関係を築く」ヒントとは？**

「見えないからできない」というのは人間の思い込み

私は、今まで3頭の障害をもった犬と暮らしたことがあります。

その中の1頭「エリオス」は、全盲だったために商品にならず、ブリーダーが競市近くの施設に不要犬として置いていった犬でした。

縁あって私は、エリオスの里親となりました。最初は、「目が見えないことで、トレーニングがうまくいかないのでは」という不安がありました。しかしトイレのしつけでは、根気よく誘導したところ、4日目には自分から行けるようになりました。また、「たぶん無理だろう」と思っていたおやつのキャッチも、他の犬たちの動きを察知し、こちらが上手く投げられたらできるようになりました。

「見えないから、できないことがたくさんある」というのは、あきらかに人間の思い込みだと学びました。

視力を失っても、他の感覚をつかって、実に前向きに楽しそうに生きるエリオスの姿に、感動させられるばかりです。

何事にもチャレンジする姿に勇気をもらえる

今現在、エリオスが全盲であることは、私の生活において、まったく問題になっていません。来客や他の犬たちをこわがることはまったくなく、散歩のときは、見えないので引っ張らず、慎重にチョコチョコ歩く姿はとても愛らしいです。

何事にも動じず、「ほかの犬ができることは、自分もできる」と信じ、チャレンジするエリオスの姿は、私に勇気を与えてくれます。

人も犬も、年をとれば体が弱ったり、障害をもったりすることもあるでしょう。

そんな時も、エリオスのように「すべてを受け入れて生きる強さ」をもてる気がしてきました。

PART 3

犬の気持ちをつかんでストレスなく教える

きほんのトレーニング

しつけの土台は「犬と人との信頼関係」です

犬と人間は、もともと狩りの〝パートナー〟

犬と人間の関係の始まりはとても古く、実に1万年4000年以上前からイヌ科の動物がヒトと一緒に暮らしていたといわれています。

もともと犬の仲間たちは、人間の狩りのパートナーでした。石器時代の遺跡からイヌ科の動物とヒトの骨が一緒に埋葬されていたことがわかり、家畜として飼われていたことが裏付けられています。

そして長い年月を経る中で、狩り以外にも牧羊や牧畜、見張り番など

しつけを成功させるための心得

しつけの目的は、快適に一緒に暮らすため

犬にしつけをするのは何のためでしょうか？ ただ飼い主さんの言うことを聞くようにするのが目的ではないはずです。しつけはあくまでも、「犬と飼い主さんやその家族が、快適に、そして安全に一緒に暮らすため」ということを忘れないようにしましょう。

犬の気持ちによりそいトレーニングしよう

犬はボディランゲージで、いろいろな気持ちを表現しています。言葉はなくとも、体の動きや表情で、そのときの気分を察することができます。嫌がっているのに無理にしつけをしようとすると、犬と飼い主さんの気持ちが離れてしまいます。犬の様子を見ながら、トレーニングを進めていきましょう。

「飼い主に都合がいい犬」ではなく、「飼い主も犬も心地よい関係」を目指す

犬には動物としての本能や習性があります。「スリッパをかんで困ります」という飼い主さんがいますが、犬はかむのが本能。かまれて困るのならば、スリッパを犬が届かない場所に置くようにするなど、環境調整をすればいいのです。お互いが心地よく暮らせるよう、環境を整えていきましょう。

さまざまな役割を犬が担うようになってきました。さらに今ではコンパニオンアニマル（伴侶動物）として、多くの人に愛されています。

こうした犬のルーツを考えるとわかることですが、犬には獲物を追い立てて吠える、外敵が来るとかみつくなどの習性があります。

これは本能に基づいているので、頭ごなしに叱るだけでは、抑えることはできません。

「吠えちゃダメ」、「かんじゃダメ」とただ禁止するだけでは、犬は理解できないのです。

犬の習性や本能を理解し、人間の側が「どうしたら吠えたり、かんだりしなくなるのか」を考えて、教えていくことが大事です。

何より大切なのは、人と犬との信頼関係です。そのうえで、お互いが快適に暮らすためのしつけをしていきましょう。

3つのトレーニングで、犬と飼い主さんはいい関係に

たった3つのトレーニングで信頼関係が築けるようになる

飼い主さんと犬が仲良く暮らすためには、たった3つのトレーニングをするだけでOKです。それが「オイデ」「オスワリ」「マテ」。

この3つをマスターすると、飼い主さんが犬に対して困ったなと思う行動のほとんどが解消できます。

たとえば散歩中によその犬にマウンティングしようとしたときは「オイデ」で呼び戻す。来客に飛びつく場合も「オイデ」で呼び戻し、「オスワリ」「マテ」で解決できます。

しつけの基本は「できたらほめる」こと

2章でも述べたように、犬のしつけの基本は「できたらほめる」こと。お気に入りのオヤツをごほうびとして使い、犬のモチベーションを引き出しましょう。また「イイコ」「よくできたね」などの言葉がけで、お互いの信頼関係はさらに深まります。

犬が嫌がったり、うまくいかないときも、けっして怒ったりしないで。人間の怒りやあせりは犬にも伝わります。ゆったりした気分でトレーニングすることが大事です。

ここがポイント

ごほうび＝オヤツをうまく使ってモチベーションを引き出す

ごほうびとして使うと効果があるのは、犬のお気に入りのオヤツ。少量でいいので、いつものフードよりちょっとランクが上のものを、ごほうびとしてあげましょう。
(➡詳しくは92～93ページ)

トレーニング ❶

オイデ

犬を呼び戻す必要があるときのためのトレーニング。行ってほしくない場所に行きそうなときや、してほしくないことをしそうなときに効果的です。最初は短い距離から練習して、徐々に遠くにいても呼び戻せるようにしていきましょう。

➡ 80ページ

トレーニング ❷

オスワリ

お尻をつけて座ると、犬の気持ちが落ち着きます。興奮している犬の動きを止めるときに、欠かせないしつけです。

散歩の前にリードをつけるとき、お客さんが来て興奮しているときなどにも役立ちます。

➡ 84ページ

トレーニング ❸

マテ

その場所で動かずに、じっとしていられるようにするためのトレーニング。散歩中にリードが外れてしまったなどというときも、「マテ」ができるようになっていれば犬の安全が確保できます。長めにできるようになれば、来客時や病院などでスムーズに待てるようになります。

➡ 88ページ

きほんのトレーニング 1

オイデ

「行くといいことがある」とごほうびで覚えさせる

「オイデ」とは離れた場所から犬を呼び寄せ、飼い主のそばに来させること。最初はごく近い距離からトレーニングを始めましょう。

このときポイントになるのが、「行くといいことがある」と犬に覚えてもらうこと。ごほうびのオヤツを手に握って、手を見せて犬が注目したら「オイデ」のかけ声で呼び寄せます。かけ声は「コイ」「カム(come)」などでもかまいません。

ただし、日によって、人によってかけ声が変わったりすると犬が混乱してしまうので、かける言葉は統一しましょう。

問題行動を減らすのにも絶大な効果がある

「オイデ」をマスターすると、いろいろな場面で困った行動を減らすことができます。たとえば排泄してほしくないところでしそうになったときに、「オイデ」と呼ぶことでやめさせることができます。

また、ドッグランなどほかの犬との接触がある場でも、呼び戻すことでトラブルを防げます。

オイデを覚えさせるポイント

POINT 1

オヤツを タイミングよくあげる

ごほうびのオヤツは飼い主さんが手に握り、その手を見せることで犬の注意をひきつけます。犬が気づいてこちらにやって来て鼻先が手に当たったら、手を開いてごほうびをあげましょう。

POINT 2

「オイデ」の後に 嫌なことをしない

「オイデ」で呼び寄せたあとは、犬が嫌がることはしないことも大事です。つめ切りやブラッシングなどが苦手な犬にそれをすると、「オイデの後は嫌なことがある」と覚えてしまい、呼んでも来なくなることがあります。

POINT 3

はじめは 短い距離からはじめる

はじめは犬から１〜２歩ほど離れたところから呼ぶようにしましょう。そしてできるようになったら、少しずつ距離を延ばしていくのがコツ。

オイデのトレーニング

オヤツを使って、犬が「飼い主さんの近くに行くといいことが起きる」と覚えるようにトレーニングしていきます。すぐにできなくても、繰り返し練習してみましょう。

1 犬から離れて立つ

犬から離れたところに立つ。座ると犬が遊んでくれると思ってしまうので、立ったままのほうがよい。最初は犬から2～3歩離れた場所でOK。オヤツを握った手を犬の顔の高さに差し出す。

2 近づいてきたら声をかける

ここがポイント

手はグーにする

オヤツは手のひらにのせ、グーになるように握ります。オヤツが手の中に入っていなくても、犬はグーを出して見せると次第に来るようになります。

自分のほうに犬が確実に近づいてきたら、「オイデ」と声をかける。

3 オヤツをあげる

手に鼻先をつけてきたら、手を開いて中にあるオヤツを与える。

Q&A

Q1 オヤツを使わないで覚えさせたいのですが…

A 「オイデと呼ばれていくといいことがある」と犬が理解してくれればいいので、オヤツ以外にお気に入りのおもちゃで呼び戻す方法もあります。ただ「オイデ」は犬を危険から守るために必要な指示なので、「オイデ」と言われたら、必ずいいことがある、という印象をずっと持ち続けさせる必要があります。そのためには、「オイデ」といって嫌なことをしないように日頃から注意しましょう。

Q2 何度やっても、こちらに来てくれません

A まずはトレーニングに使うオヤツを見直してみましょう。犬の好物を使うと、来てくれる確率が上がります。また呼んだあとに、犬にとって嫌なことをしていませんか？　「行ったらいいことがあった」と犬が思うことが一番のモチベーションにつながります。

きほんのトレーニング 2

オスワリ

犬を落ち着かせるのに絶大な効果アリ

犬が興奮したとき、「オスワリ」は絶大な効果を発揮します。自ら床にお尻をつけることで、落ちつきやすくなります。

座る動作は自然な動きなので、どの犬でもできます。ただ「オスワリ」の言葉を理解し、そのかけ声で座れるようにするにはトレーニングが必要です。

「オスワリ」のしつけでも、ごほうびのオヤツは重要。オヤツを握った手を犬の鼻先から少し上に上げると、頭が上がりお尻が下がります。

オスワリができるといろいろな場面で役立つ

来客に飛びつきそうになったとき、他の犬を追いかけまわしそうになったとき、車道に飛び出しそうになったときも、「オスワリ」がマスターできていれば、犬も人も危険な目に遭うことがありません。

また散歩に行くのにリードをつけるときも、「オスワリ」ができると落ち着いて準備できます。

人間と暮らす犬が、いろいろな場面で落ち着いて過ごせるようになるために、「オスワリ」は欠かせないしつけなのです。

オスワリを覚えさせるポイント

POINT 1

最初は手の動きで教える

「オスワリ」と声をかけられても、犬は最初は何のことかわかりません。オヤツを握った手を鼻先に差し出し、手の動きで自然にオスワリを教えるのが効果的です。

POINT 2

自分からお尻をつけられるようにする

飼い主さんが犬のお尻を押して、座るように仕向けたりするのはNG。犬が自分からお尻をつけられるようにすることが大事です。

POINT 3

確実にできるようになってから声をかける

「オスワリ」と声をかけるのは、犬がお尻をつければよいことを学習してからしましょう。動きに合わせて言葉をかけられることで、「この言葉をかけられたら座ればいい」と理解していきます。

オスワリのトレーニング

**オヤツで気を引いて上を向かせ、手を上げると
自然と犬のお尻は地面につきます。
お尻がついたところでごほうびのオヤツをあげましょう。**

1 オヤツに気づかせる

ごほうびのオヤツを持った手を、犬の鼻先に差しだしてニオイを嗅がせ、気を引く。

2 お尻がついてから声がけ

その手を少し上げると、鼻の位置が上がり、お尻が下に下がる。地面にお尻がついたら「オスワリ」と声をかける。

3 オヤツを与える

握っていた手を開き、ごほうびのオヤツを犬に与える。

立ち上がりやすい犬に有効

押してオスワリを教えるトレーニング

「オスワリ」のトレーニングのとき、オヤツを持った手に飛びついてこようとする犬もいます。そんなときは、こちらから鼻先にオヤツを近づけて、そのまま誘導するように座らせる方法がおすすめです。

犬の鼻先に手を近づける

オヤツを握った手を、犬の鼻先に持って行き、気を引く。

お尻を下げたら声をかける

その手を犬側に少し押すようにして、お尻が地面に着くようにする。おしりを下げてから「オスワリ」と声をかけ、ごほうびのオヤツを与える。

きほんのトレーニング 3 マテ

犬の安全のためにも欠かせないしつけ

「マテ」はその場を動かず、じっとさせるためのしつけです。犬の行動を制止することができ、危険な場所に立ち入ろうとしたときや、ほかの犬に近づこうとしたときなどに、トラブルを回避できます。

なお「マテ」はごはんを食べ始める前、散歩で家を出る前に玄関で待たせるときなど、犬が楽しみな時間にも必要なかけ声です。しかし、そういう場面ではあまり長く待たせるのはかわいそうなので、待たせる時間は数秒程度にとどめましょう。

「マテ」のあとには解除の「ヨシ」を

犬に「マテ」を教えるときは、飼い主さんが「ヨシ」と言ったら必ず良いことが起きる、と学習させることが大事です。

飼い主さんがその場を離れても、必ず戻ってきて「ヨシ」と言ってくれるという信頼関係ができたら、犬は待てるようになります。

ただし、待つことは犬にストレスがかかることもあります。

待たせる必要がないのに長く待たせるようなことは、しないようにしましょう。

マテを覚えさせるポイント

POINT 1

まずは オスワリを教える

「マテ」をするときは、オスワリの姿勢で待たせるのがよいでしょう。最初に「オスワリ」のトレーニングをして、できるようになってから「マテ」を教えるようにしましょう。

POINT 2

最初は1〜2秒くらいの短い時間から始める

「マテ」のトレーニングをするときは、最初はごく短い時間から始めましょう。1〜2秒からでOK。長くできるようになっても、犬にストレスがかからないようにしましょう。

POINT 3

長時間待たせるときは「フセマテ」

長時間待たせる必要があるときは、「オスワリ」から「フセ」の姿勢になり、そのまま待つ「フセマテ」がおすすめです。座っているより楽な姿勢なので、カフェなどに連れて行くとき都合が良いです。ただし、あまり長時間になったり、まわりからの刺激が強いなど、犬にとって不快な環境ではさせないようにしましょう。

マテのトレーニング

**「マテ」のトレーニングは、まず犬を座らせてから行います。
最初は1～2秒の短い時間から始め、犬に失敗を体験させないことが、
早く覚えさせるコツです。**

基本のマテ

1 オスワリをさせる

ごほうびのオヤツを手に持って握っておく。
犬を座らせて、「マテ」と声をかける。

2 じっとしていられたらごほうびをあげる

最初は1～2秒じっとしていられたら、「ヨシ」と必ず声をかけて、ごほうびのオヤツを与える。少しずつ長くして、10秒くらいまでできるようになればOK。

距離をとってのマテ

1 マテをさせ、少しずつ離れる

オスワリをさせてから、「マテ」と声をかける。
犬の様子を見ながら、あとずさりしてだんだん離れていく。最初は少しだけ離れるようにする。

2 犬が動く前にごほうびをあげる

犬が待っていられたら、動いてしまう前に戻り、ごほうびのオヤツを与える。犬は「待っていればオヤツがもらえるんだ」と覚えてくれる。

Q&A

Q 「マテ」は長時間できるようになったほうがいいですか？

A 必要がないなら、待たせなくていいのです。

日常生活では、長く待たせなければいけない場面は、そんなにないはずです。ドッグカフェなどではフセマテで犬を待たせている飼い主さんが多いですが、食べ物のニオイがしたり、知らない人や犬がいる環境でじっとしなさいというのは、犬にとって酷な状況といえるかもしれません。あまり長時間「マテ」をさせるような状況は避けたほうがよいでしょう。

しつけの効果アップ！「ごほうびフード」の与え方

ごほうびの中で一番効果的なのがオヤツ

犬のしつけの基本は、「できたらほめる」こと。できないのは、教え方が悪いだけで、犬は悪くありません。なので、叱るのはかわいそうです。そして、ほめるしつけに欠かせないのが、「ごほうびフード」となるオヤツです。

犬は満腹中枢が発達しておらず、食べることに目がありません。食事のあとでもオヤツを使ったしつけは効果的です。

一度に与える量はごくわずかでOK。次のページを参考に、適量のオヤツをあげましょう。

どんなものがよい？

愛犬が一番喜ぶフードを選んで

ジャーキー、魚のチップ、加熱したササミなど、犬の一番の好物を与える。市販のオヤツでも、飼い主さんの手づくりでもOK。オヤツを与えた分、ごはんの量は減らすようにしよう。

ごほうびフードトレーニングのポイント

手をグーの形にして誘導する

1 オヤツのニオイをかがせる

オヤツのニオイをかがせ、グーの中にはごほうびがあることを教える

2 グーで犬の動きをコントロールする

グーの中にオヤツがあることを知っているので、食べたくてグーの動きについてくることを利用して、させたい動きができたら、手をひらいでオヤツをあげる。

適量をあげるようにして

ごほうびのオヤツの量は、多すぎないように注意する。トレーニングをしすぎて太ってしまったなんていうことも。オヤツの素材によって、小麦粉や野菜、鳥肉、牛肉、など、いつものごはんと合わせて、栄養バランスにも気をつけて。

1回にあげるオヤツの量

大型犬は 小指のツメ程度	中型犬は 小指のツメ1/2程度	小型犬は 小指のツメ1/4程度

ほめられると
やる気が出る！

子犬のうちにしておきたい基本のしつけ

6カ月までは叱らないのがコツ

子犬を家に迎えたら、すぐしつけを始めましょう。2章で紹介したトイレ、ハウス、食事などの基本的なしつけは、小さいうちからしたほうが効果的。いろいろな人や環境に慣れる、社会化トレーニング（96ページ参照）も大事です。ただし、できなかったときに叱るのは禁物。家に来たばかりの子犬は、まだ飼い主さんとの信頼関係ができていません。最初は特に、「できたらほめる」ことを意識。まずは子犬との信頼関係を築くことが大切です。

子犬はどこから迎える？

信頼できるブリーダーさんから迎えるのがベスト

子犬の社会化トレーニングをきちんとしているブリーダーさんから迎えるのがおすすめです。ペットショップの中には、生まれて間もないうちに母親やきょうだいと離して子犬を販売している店も。こういった環境にいた子犬は、不安を感じやすく神経質な性質になることがあります。

みんな
元気だ
ねー！

子犬のための基本のしつけ ❶

社会化トレーニング

他人やほかの犬、家の外の世界などに触れ、一緒に暮らしていくうえで出合う刺激に慣らしておくことが大事。ただし、生まれつきこわがりな犬もいるので、無理はしないで。

➡ 96ページ

子犬のための基本のしつけ ❷

トイレのしつけ

トイレのしつけは、家に迎えたらすぐにしましょう。トイレを覚えることで、犬も飼い主さんも快適に清潔な環境で暮らすことができます。

➡ 50ページ

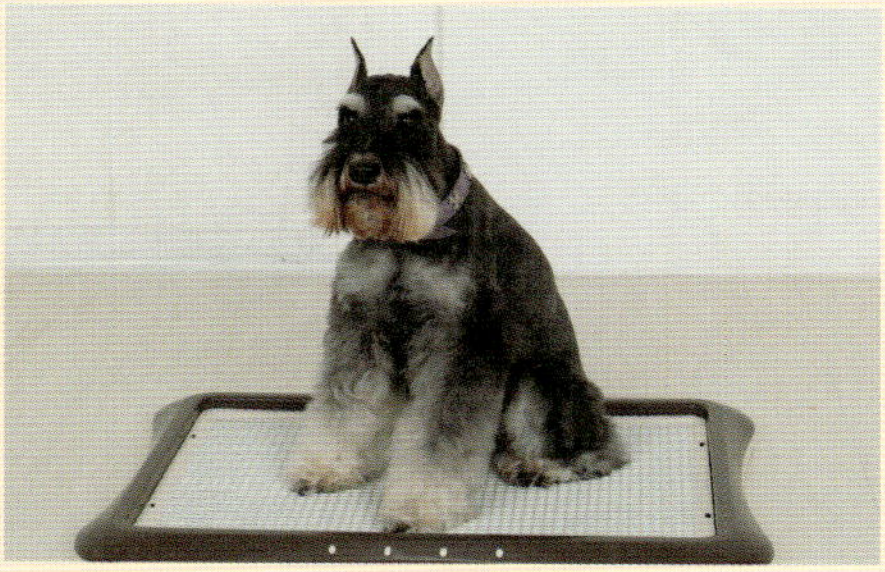

子犬のための基本のしつけ ❸

ハウスのしつけ

子犬のうちに、ハウスに入る習慣をつけておけば、落ち着いて過ごすことができます。「狭い場所に閉じ込めるようでかわいそう」という飼い主さんもいますが、そんなことはありません。

➡ 60ページ

子犬のための基本のしつけ ❹

留守番のしつけ

ハウスのしつけができたら、留守番も少しずつできるようになります。飼い主さんが仕事や学校、用事で不在のときも安心して過ごせるようにしつけましょう。

➡ 66ページ

社会化トレーニングをしよう

社会化トレーニングをすれば、犬も人もラクちんに、HAPPYに！

社会化ができていないと、散歩中にほかの犬に吠える、
来客時にお客さんにずっと吠えているなど、困ったことに。
小さいうちにいろいろな環境に慣らすことで、困った行動が減って
犬も飼い主さんもストレスがなくなります。

Before

他の犬に吠える、
人に吠える

After

よその犬とも仲良し、
お客さんがきても
おとなしくできる！

子犬のうちから いろいろな環境に慣らそう

知らない世界をこわがるのは、犬も人も同じ。特に新しい環境にきたばかりの子犬は、好奇心と同じくらい警戒心や恐怖心もいっぱいです。子犬を家に迎えたらすぐに、社会化トレーニングを始めて日常のいろいろな刺激に慣れさせましょう。

家族以外の他人、ほかの犬、家の外の世界などにふれさせることで、環境になれ、安心して暮らせるようになります。ただし、散歩のトレーニングは、ワクチン接種が済んでからにします。

社会化トレーニングのいろいろ

走る人、自転車、自動車など、外に出たらよく見かけるもの、特に台車やスケートボードなどは怖がる犬が多いので、慣らしておくと良いでしょう。

モノに慣らす

人間が生活の中で使うものを、犬がこわがることはよくあります。たとえば掃除機。大きな音を出して動くので、吠えたり、かみついたりする犬が多いようです。「掃除機をかけるときは、おいしいものをあげる」などすれば、こわがらなくなるかもしれません。

人に慣らす

家族以外の来客や動物病院の医師など、犬は日常生活の中で多くの人に会う可能性があります。性別、年齢を問わず、いろいろな人に会う機会をつくり、慣らしていきましょう。ただし犬の扱いになれていない人や、急な動きをする小さな子どもは逆に子犬を怖がらせてしまうかもしれないので注意。

ほかの犬に慣らす

ほかの犬との接触は、ワクチン接種が済んでからにしましょう。散歩でほかの犬と挨拶させたり、6か月までにできるだけ、子犬のしつけ教室や、パピーパーティーなど子犬が集まるところに連れて行きましょう。

外の世界に慣らす

地面に降ろす場合には、必ずワクチン接種してからにします。しかし、可能であれば、窓から外を見せたり、音を聞かせてみましょう。感染しないよう充分に配慮した上で、抱っこで外に出て、外の環境に慣らしてあげるのもいいでしょう。

子犬のしつけ 2

遊びながら信頼関係を築いていこう

遊びたいとき、楽しいときのしぐさは？

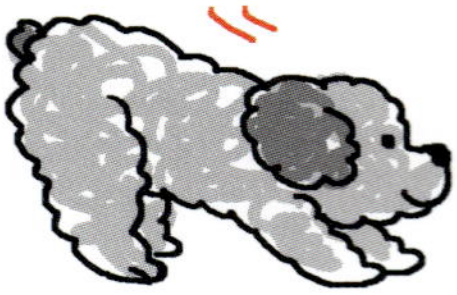

おじぎポーズは「遊ぼう！」のサイン

前足と上半身を低くしておじぎをするような姿勢をとるときは、「一緒に遊びたい！」「仲良くしたい」というサイン。

しっぽブンブン！は「楽しい！」のサイン

しっぽをちぎれんばかりに左右に振っているときは、喜んでいるサイン。飼い主さんが相手にしてくれた、お気に入りの人が遊びに来たときなどに見られます。

ストレス解消やエネルギー発散にも遊びは欠かせない

子犬は遊びが大好き。好奇心旺盛で、いろいろな場所を探検したがります。人間の子供と一緒で、子犬の仕事は遊ぶこと。手当たり次第に物をかじったり、行ってほしくない場所に侵入したり……と、迷惑に思える行動も、犬にしてみれば自然な行動で、成長のために必要なのです。

〝いたずら〟は、犬の〝作業意欲〟から出るもので、決して悪い行動ではありません。しかし、困ることもあるので、しっかりと遊んで意欲を満たしてやるようにしましょう。

NG こんな遊び方はNG！

✕ 吠えたから遊ぶ

「吠えて要求する」という癖がつくことがあるので、よくありません。遊びを要求して吠えているときは反応せずに、「吠えたら遊んでもらえない」と学習させましょう。

✕ 人が必ず勝つ

引っ張りっこなどで遊んでいるとき、「最後は必ず人が勝たないと、犬が自分を上だと思う」という考え方があるようですが、そんなことはありません。犬が勝つとき、人が勝つときがあってOKです。

引っ張りっこ

おもちゃやぬいぐるみで、犬と引っ張りっこ。
捕れた獲物を引き裂く動作のなごりで、
犬が大好きな遊びです。
できるだけ楽しく遊び、
興奮しすぎたらオスワリさせて
落ち着かせましょう。

1 お気に入りのおもちゃやぬいぐるみで、子犬を誘う

長めのおもちゃを獲物に見立てて遊ぶ。簡単にはかめないように動かして、子犬を誘う。

2 適度な力で引っ張り合って遊ぶ

子犬がかみついてきたら、適度な力でおもちゃを引っ張って遊ぶ。

3 必ず飼い主さんが勝つ必要はない

飼い主さんが勝って終わらなくてもOK。とにかく、一緒にできるだけ楽しく遊ぶ。

パペットファイト

犬同士は、お互いの口元を噛みっこして遊びます。
これと同じように、人形を使って、犬の口元を
噛むようにパペットを動かして遊びます。

1 人形を見せる

人形の口元を動かして、犬の口をかむような動作をする。

2 興奮し過ぎたら、「オスワリ」で落ち着かせる

犬も甘かみで応戦してくるので、かみつき合って遊ぶ。興奮し過ぎたら「オスワリ」でクールダウン。

じゃらし棒

獲物を追う意欲をかき立て、犬が大喜びします。
獲物の動きを意識して棒を動かすと、
犬が興奮してくるので、興奮させすぎたら
オスワリで落ち着かせましょう。

1 棒の先についたおもちゃを素早く動かす

猫用のじゃらし棒を使う場合は、こわれやすいので、気をつける。棒を上下、左右に素早く振り、おもちゃが獲物のように見える動きをする。

2 捕まえる過程を楽しませる

うまく動かすと、犬はかなり興奮する。興奮しすぎたらオスワリで落ち着かせる。

宝探し

**犬は嗅覚がとても発達しています。
コップにオヤツを隠して匂いで探し出す遊びは、
夢中になって楽しみます。**

1 オヤツを隠したコップとその他のコップを並べる

長犬は嗅覚を頼りに、どこにオヤツが隠れているかを興味深く探し始める。

2 オヤツを探し当てたらおしまい

コップを鼻先や前足を使って倒し、犬がオヤツを探し当てるまで遊ばせる。

ここがポイント

犬が気に入るおもちゃを見つけてあげよう

犬用のおもちゃはたくさんありますが、犬によって興味を持つものはそれぞれ違います。自分の犬が興味をもつものを探してあげましょう。

こんな遊び方も

クッションを使った宝さがし

リビングで犬を遊ばせるときなどは、クッションを何個か並べて、その下にオヤツを隠すのもおすすめ。

成犬にも子犬にもおすすめのトレーニング

散歩やお出かけのトレーニングで社会性を育てる

飼い主さんと犬の信頼関係を深めるには、まずは「オイデ」「オスワリ」「マテ」（78～91ページ参照）を確実にできるようにすること。次のステップとして、散歩などで外に出ても犬が落ち着いて行動できるようにしましょう。

散歩が安全にできると、世界が広がり、ほかの犬との交流も楽しめます。また通院や旅行など、車や電車でのお出かけが必要な場合もあります。いろいろな環境に慣らして、社会性を育てて。

成犬に教えるときのコツ

成犬は子犬に比べると、すでに多くを学習しています。それを上書きするには、子犬より少し時間がかかるかもしれません。辛抱強く、あせらずに取り組んでいきましょう。

成犬&子犬のトレーニング 1

スキンシップ

触られることが苦手な犬は少しずつ練習

飼い主さんに体をやさしくさわられるのは、犬が大好きなことのひとつです。愛情のこもったスキンシップは、犬の気持ちを落ち着け、信頼関係を深めるのに効果的です。

ただし、しっぽの先や足先など、犬はさわられるのが苦手な部位があります。また、中にはさわられること自体が苦手な犬も。

まずは後頭部から背中、首から胸になど、多くの犬がさわられるとうれしい場所から始めましょう。

飼い主以外にさわられても大丈夫な犬に

さわられることに抵抗を示す場合は、オヤツを使いながら少しずつ慣らして。また足先やしっぽなどの敏感な部位も、できればさわれるようにしておきましょう。体のすみずみまでさわれると、グルーミングなど体のお手入れも楽にできます。

飼い主さんにさわられることに慣れてきたら、ほかの人にさわられても大丈夫なようにしていきましょう。動物病院で診てもらうときなども、スムーズに受診できます。

さわられて気にならない場所と苦手な場所

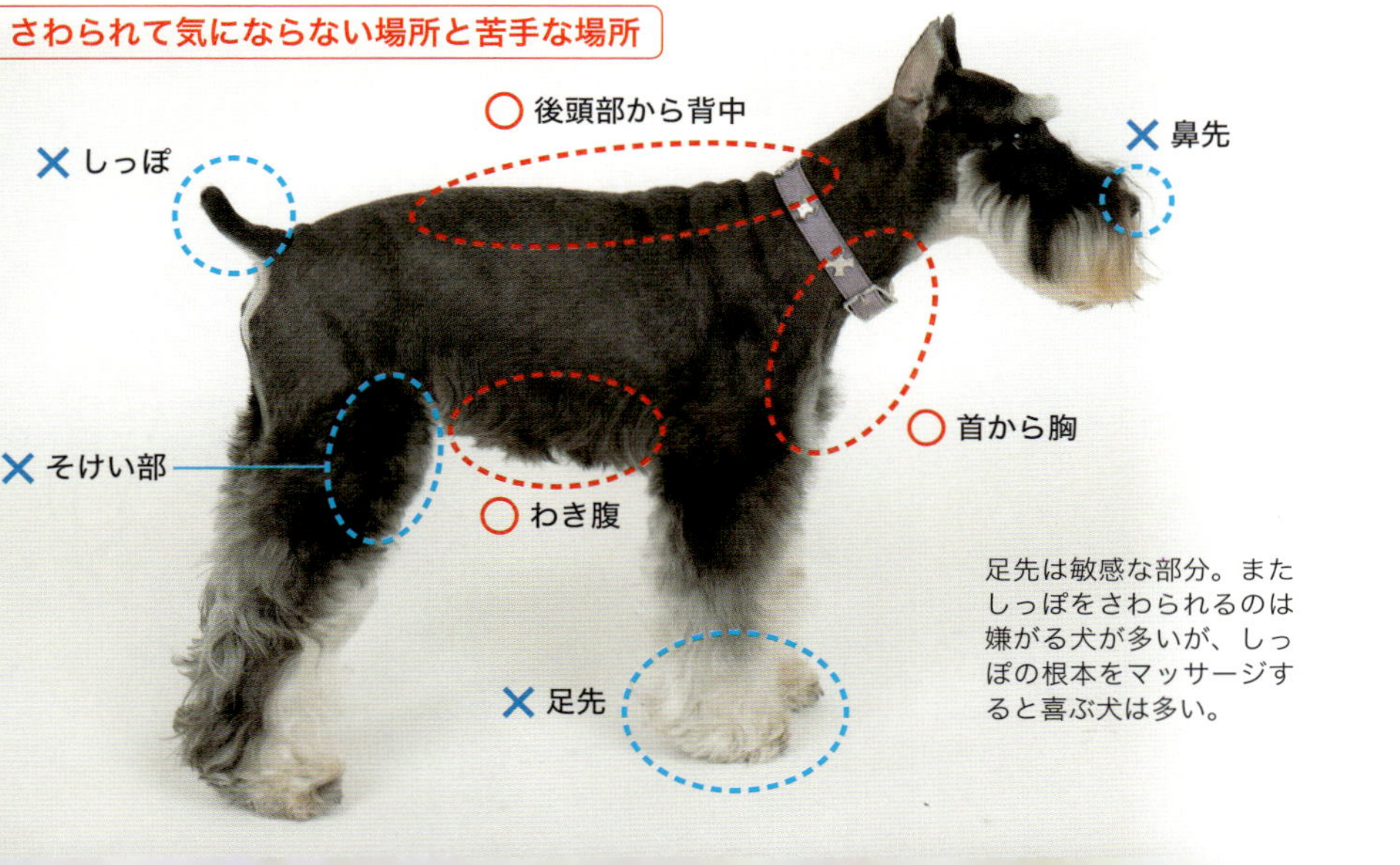

足先は敏感な部分。またしっぽをさわられるのは嫌がる犬が多いが、しっぽの根本をマッサージすると喜ぶ犬は多い。

スキンシップの基本テクニック

**スキンシップは、リラックスした雰囲気で行いましょう。
最初は犬が喜ぶ首から胸、背中などからはじめ、
だんだん全身をさわれるようにしていきましょう。**

1 首から胸など犬が喜ぶ場所をさわる

犬の目を見て、犬が注目してきてから首や胸など、犬が喜ぶ場所をやさしくさわる。おとなしくさわられていたら「いいコだね」などと声をかけてほめてあげて。

2 リラックスしてきたら全身をさわる

犬がさわられることを嫌がらず、リラックスしていたら、全身をさわる。嫌がる場所は無理にさわらなくてよい。

「何のためにさわる練習をするのか？」を考えよう

犬をさわれるようにするのは、体の手入れや、病院の診察をスムーズにするためです。苦手な犬もいるので、犬を押さえつけるようにしてさわったり、嫌がるのにしつこくさわるのはNG。かえって信頼関係をこわしてしまうので注意して。

さわれるようになるとこんな場面で役立つ

体のお手入れ

動物病院の受診

小型犬を抱っこするときのコツ

子犬のうちや、小型犬は抱きかかえて移動する機会が多いものです。犬が暴れて落下しないように、安定感のある抱き方を覚えておきましょう。

前足の下に
腕を入れて、
安定させる。
犬のお尻を手
のひらでしっ
かり安定する
ように抱える。

NG こんな持ち上げ方はNG！

✕ 前足だけを持ち上げる

抱き上げるとき、前足だけを持ち上げると関節を傷める原因になる。

比較的大きい犬を抱っこするときは…

犬の足のつけ根を両腕でしっかり抱えて持ち上げる。
この抱き方だと比較的体の大きい犬でも、
安定した体勢を保って持ち上げることができる。

成犬&子犬のトレーニング 2

散歩のコツ

散歩は時間を決めないでいい

散歩は、運動不足の解消はもちろん、よその犬とふれ合ったり、顔見知りの人にかわいがってもらったり、犬にとって大きな楽しみです。

外の世界は家の中にはない刺激にあふれています。

嗅覚をフル稼働して情報収集をし、犬の社会性を育てるためにも、散歩はとても大事です。

散歩は、毎日同じ時間にする必要はありません。時間を決めてしまうと、犬が散歩をしたがって要求吠えするくせがつくことがあるからです。

飼い主さんと一緒に歩けるようにしよう

散歩のときに大事なのは、飼い主と犬が一緒に歩くこと。一緒に歩くとは、どちらかが止まったらそれに配慮できるということです。

犬はニオイをかぐことに喜びを感じる動物です。犬が嗅ぎたがったら、よほど汚いところでない限り嗅がせてやるのがいいでしょう。ただし、拾い食いをしないよう充分注意が必要です。

散歩を楽しむためには、一緒に上手に歩けるよう、しっかりと教えて練習することが必要です。

楽しい散歩のコツ

まずは抱っこで慣らす

自分で歩かせる前に、飼い主さんが抱っこして散歩して、外の世界に慣らしましょう。強い刺激をいきなり与えないように、まずは家のまわりをちょっと歩くことから始めて。時期は2回目のワクチン接種が終わった頃が目安です。

リードは短めに持つ

犬が自由に行動できる範囲が広いと、狭い道で通行人の邪魔になることがあります。リードは短く持ち、自由にできる範囲を最初から狭めておきましょう。並んで歩けるくらいの長さがベストです。

犬が苦手なモノを知っておこう

✖ ほかの犬

幼いころに親やきょうだいから離れてしまい、ほかの犬に慣れていないと、散歩中に会う犬を怖がり、吠えたりうなったりすることがあります。

✖ 大きな音

工事やバイクの騒音、車のクラクションなど、聞き慣れない大きな音は苦手。散歩中に遭遇したら、できるだけ避けるか、やさしく声をかけてなだめるなどしてあげましょう。

✖ 知らない人

社会化のトレーニングをしていないと、飼い主さんと年齢や性別が違う人をこわがることも。体の大きな人、声や身振りが大きな人、子どもの動きや甲高い声を怖がる犬は多いので、少しずつ慣らしましょう。

✖ 車など動くモノ

自転車や車など動くものは怖がることが多いので、最初は離れたところから見せて、徐々に慣らしていきましょう。追いかけようとする習性もあるので、追わないように教えてあげることも大事です。

楽しく散歩するための歩き方のトレーニング

子犬の頃からリードは短く持ち、犬が飼い主さんのことを意識しながら歩けるようにトレーニングしましょう。

1 リードを短く持って歩く

犬が自分の横につくように、リードを短く持ち、ゆっくり歩き始める。最初は不自然なくらいゆっくりと歩くのがコツ。

2 たまに立ち止まる

少し歩いたら、立ち止まってみる。犬が飼い主の動きを注意して、一緒に立ち止まっているかを確認する。

これはNG

✕ 犬に引っ張られる

飼い主さんがコントロールできていないと、犬を守ることができません。リードでコントロールしながら、歩き方を教えてあげましょう。

✕ オヤツで気を引いて歩かせる

座りこんでしまう犬をオヤツで気を引いて歩かせたりするのは、あまり良いことではありません。立ち止まるとオヤツがもらえると学習してしまうからです。

4 ほめたらまた歩き出す

犬が飼い主の顔を見上げたら「イイコ」とひとことほめて、また歩き始める。

3 止まっているか確認

短く持っていたリードをゆるめても犬が止まっていれば、きちんと止まっていた証拠。

お互いを気にしながら歩ければOK！

犬が飼い主さんのことを意識し、飼い主さんも犬の行動を見守りながら歩けるのが理想的。飼い主さんが一方的に犬を引っ張ったり、犬の勝手にまかせたりせず、お互いを意識すれば楽しい散歩タイムになります。

よその犬と会った時の歩き方のトレーニング

飼い主さんが指示を出してから相手に近づけるようにしつけておけば、散歩中にほかの犬に会った時も、勝手に近づかなくなります。

1

少し遠くから声をかける

リードを固定して、相手に近づけないようにする。相手の飼い主さんに声をかけ、あいさつをさせてよいかをまずは確認。

2

立ち止まってオスワリさせる

相手がよいと言ってくれたら立ち止まり、犬を落ち着かせる。オスワリをさせて、飼い主さんの指示を待たせる。

3 「ヨシ」と声をかけてごあいさつ

「ヨシ」などの合図でリードをゆるめ、相手に近づいてもよいことを伝える。犬どうしにあいさつさせる。

4 「イクヨ」と声をかけて、離れる

遊びを切り上げるときは、飼い主さんのタイミングで「イクヨ」などと声をかけて注意をひき、離れるようにする。

犬と犬の交流は飼い主さんがOKを出してから

犬にとって、外でお友だちと会うのは楽しいものです。だからといって、勝手に近づかせるのはマナー違反です。ほかの犬と接触するのが苦手な犬もいますし、飼い主さんが嫌な場合もあります。

まずは相手の飼い主さんに「あいさつさせてもいいですか？」と声をかけて確認するといいですね。大丈夫とわかったら、飼い主さんの指示で犬どうしを近づかせましょう。

興奮して相手の犬や飼い主さんに飛びつく可能性がある場合には、安全な距離をとってすれ違うように配慮します。

自分の犬や相手の犬が不快を感じているような場合は、飼い主が相手との間に入ってすれ違うようにするとよいでしょう。

拾い食いをさせないためのトレーニング

拾い食いはお行儀が悪いのはもちろん、体に悪いものを食べてしまうこともあるので、リードでコントロールして未然に防ぐようにしましょう。

1 立ち止まる

犬が落ちているもののにおいを嗅ぎそうになったら、立ち止まる。

2 リードで頭が下がらないようにコントロール

拾い食いをしそうになったら、リードを上下にリズミカルに動かして、犬の頭が下がらないようにする。

3 歩き出す

リードをたるませても犬が頭を下げなくなったら、歩き出す。

ここが ポイント

リードで しっかりコントロール

食べられそうなものがあれば、食べようとするのは犬の本能です。言葉で「ダメ！」というよりも、リードをうまくコントロールして教えましょう。犬が落ちているものに近づけないようにすることがポイントです。

散歩中の排泄はマナーを守って

散歩中はなるべく排泄させないほうがいいですが、犬はそんなことを言われてもわかりません。飼い主さんが責任を持って、後始末をしましょう。

オシッコの始末のしかた

ペットボトルに水を入れて持ち歩き、犬がオシッコをしたらかけて洗い流すようにします。

ウンチの処理のしかた

ウンチにトイレットペーパーをかぶせて、ポリ袋に入れた手でつかんで裏返しに。袋の中に入れてしっかり封をする。

ここがポイント

迷惑になる場所ではニオイをかがせない

犬はニオイをかいでからマーキングをする習性がありますので、家や建物の前、私有地、人通りの多い道など、排泄させるには不適切なところは、ニオイをかがせないようにしましょう。

他人の迷惑になる場所では排泄させない

中には、散歩に行ったときにしか排泄しない犬もいます。

できれば家の中のトイレで用を済ませて、散歩中には外で排泄しないように習慣づけたほうがいいのですが、なかなか完璧にするには難しいものです。

外でしか排泄ができない場合の対処法は143ページで紹介しているので、そちらも参考にしてください。

また犬はマーキングをする習性があるため、ほかの犬のニオイがする場所では、ついついオシッコをしてしまいます。

人の迷惑になる場所ではさせないようにして、排泄をしたら飼い主さんが責任を持って後始末をしましょう。マナーを守って、楽しいお散歩タイムを!

成犬＆子犬のトレーニング 3

マナーよく出かけるコツ

「オイデ」「オスワリ」「マテ」を確実にできるように

動物病院での診察や、帰省など、犬を連れて出かける場面はいろいろあります。また毎日の散歩だけでなく、ドッグランで思いっきり走らせてあげたり、ドッグカフェで一緒に過ごしたりと、愛犬と出かけたいと思う飼い主さんも、多いでしょう。

外出で大切なのは、飼い主さんの指示でその場で待ったり、呼んだらすぐに来られるようになっていること。78〜91ページで紹介した「オイデ」「オスワリ」「マテ」をまずは確実に覚えさせて。

犬の気持ちも考えてお出かけを楽しもう

「マテ」ができたら、左ページで紹介している「フセマテ」を練習しましょう。「マテ」よりも長い時間待てるようになります。動物病院の診察待ちの時間や、ドッグカフェなどでは「フセマテ」が役立ちます。

忘れずにいたいのが、「そのお出かけは、犬にとって本当に必要?」と考えること。多くの人や犬がいて、食べ物のニオイがするドッグカフェでじっとしているのは、犬にとってはつらいことかもしれません。犬の気持ちに寄り添ってお出かけを。

長時間待つときの「フセマテ」のトレーニング

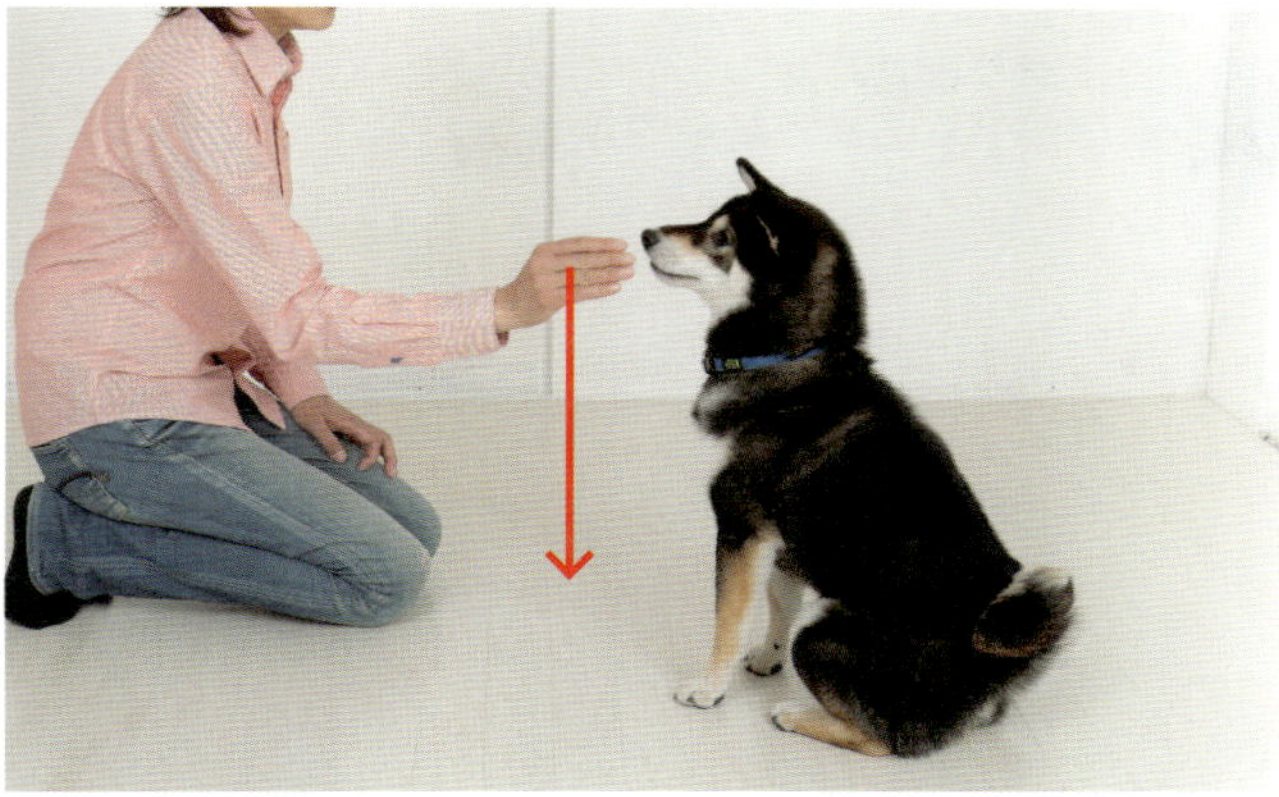

1 オスワリをさせる

オヤツを握った手を見せてオスワリさせたら、その手を鼻先から足の中心くらいまで徐々に下げていく。

2 おなかをつけたら声をかける

オヤツを目で追っておなかを地面につけたら、「フセ」と声をかけてオヤツをあげる。

3 「マテ」ができたらごほうびをあげる

「マテ」と声をかけてじっとしていられたら、ごほうびにオヤツをあげる。最初は短い時間からはじめ、失敗させないようにする。

ドッグランで犬を呼び戻すトレーニング

**自由に走り回れるドッグランは、犬が好きな遊び場。
しかし自由にさせ過ぎるのもよくありません。
飼い主さんの指示で、終わりを理解できるようにしつけましょう。**

1 広い場所で自由に遊ばせる

犬が自由に走りったりできる、囲われている広い場所で遊ばせる。相性が良い犬たち複数頭だとさらに楽しい。

2 合図を出す

しゃがんで、オヤツを握った手を、犬の顔の高さに出す。犬が気づいて近づいてくるのを待つ。

ドッグランが好きな犬も、苦手な犬もいる

愛犬が楽しそうに走り回る姿を見るのは、飼い主さんにとってうれしいもの。マナーを守り、ほかの犬や飼い主さんとも、気持ちよく遊ばせられるようにしたいですね。

ドッグランに行く前に、少し広く、囲われた場所で犬を遊ばせて、呼んだら戻ってくる練習をしましょう。まずは「オイデ」（80ページ）で、呼んだら確実に戻れるようにします。さらに、オヤツを使わなくても、声だけ、手の動きだけで戻れるようにするといいでしょう。

犬の中には、知らない人や犬がいるドッグランが苦手な犬もいます。こわがりな犬は、楽しく過ごすことができないので、その場合はドッグランに連れて行かない方が良いこともあります。

3 「オイデ」と声をかける

オイデ！

確実に近づいてくるのがわかったら、「オイデ」と声をかける。飼い主さんの手に、犬が鼻をつけたら、オヤツをあげる。

4 声だけ、手だけでもできるように

やっぱり
オヤツだった！

慣れてきたら、「オイデ」の声だけで、または手の動きだけでもできるか、試してみよう。

ドッグランを楽しく使うためには…

管理人がいるドッグランを選ぶ

ドッグランには無人で飼い主さんの管理のもと遊ばせる施設と、管理人がいる施設があります。管理人がきちんと安全管理をしてくれる施設のほうが、心配なく犬を遊ばせることができます。

仲良しで貸し切りにしてもよい

よその犬とお友だちになりたいわけでなければ、飼い主さん仲間でドッグランを貸し切りにして、気心知れた犬と人で遊ぶのもおすすめです。

DOGRUN

ドッグランでは
マナー良く
遊ぼうね

成犬＆子犬のトレーニング 4

もっと楽しく！プラスαのトレーニング

犬の本能を刺激する 遊びでさらに仲良しに

犬は、飼い主さんからほめてもらうのが大好き。遊びを通じて何かができたことをほめられるのは、犬と飼い主さんとのコミュニケーションを深めるのにも役立ちますね。

まずは「オテ」や「ジャンプ」など、簡単なものから始めてみましょう。ただし犬が興味があまりないのに無理に教え込もうとしたり、できないからといって叱るのはNG。遊びのバリエーションを増やすつもりで、楽しみながらトライしましょう。

オテができなくても、問題なし！

➡ 犬が興味を持たなかったら、やらなくてOK

「オテ」は、できなくても日常生活に支障はありません。もしできなくても、「うちのコはオテもできないんです」などと、ネガティブにとらえる必要はないのです。犬の中には積極的に飼い主さんと関わりたいコもいれば、マイペースに過ごしたいタイプのコもいます。興味がなさそうだったら、無理に教えるのはやめましょう。

犬を飼っている飼い主さんが、まずトライしてみたいと思うのが「オテ」でしょう。
オヤツでうまく気を引いて、
できたらしっかりほめてあげましょう。

オテ

1 オヤツを見せて、興味を引きつける

オヤツを握った手を犬の鼻先に近づけ、興味を持たせる。

2 オテをさせる

飼い主さんがなかなか手のひらを開こうとしないと、犬は手で開けようとする。そして手をかけてくるので、このとき「オテ」という。

3 できたらオヤツをあげてほめる

オテができたら、「ヨシ」などと言葉でほめてあげながら、オヤツを与える。

「オテ」のバリエーション

ハイタッチ

オテができるようになると、飼い主さんが手を出すと自分から手を出してくるようになり、ハイタッチもできるようになる。

ジャンプ

棒状のもの、人の足や腕などの障害物を飛び越える遊びです。

おうちの中で体力を持て余しているときなどに、ストレス解消にもなるのでトライしてみて。

1 オヤツで、興味を引きつける

障害物の前でオヤツを握った手を犬の鼻先に近づけ、興味を持たせる。

2 ジャンプするまで誘導する

「ジャンプ」といいながら、犬が障害物を通過するまで、オヤツで誘導する。最初はまたいで通過するだけでもよい。できたらオヤツをあげてほめる。

楽しみながら社会性が身につくアジリティーにトライ

「アジリティー」は、犬と人が一緒に楽しむ、障害物競争。コース上のハンドルやシーソーなどの障害物を規定の時間内にクリアしていくゲームです。1978 年にイギリスで発祥し、今では世界中で競技会が行われています。

スポーツとして楽しいのはもちろん、犬と人が共に競技に取り組むことで、絆を深めたり、社会性を身につけたりすることができると言われています。

飼い主さんも犬も、体を動かして遊ぶことが好きな場合は、トライしてみてもよいかもしれません。

トレーニングがうまくいかない3つの理由

「トレーニングがなかなかうまくいかない……」。そんなときは、このページを参考に、やり方を見直してみましょう。

うまくいかない原因は大きく分けて「3つ」

トレーニングしても、なかなか思うような行動をしてくれない。そんなとき、「うちの犬、なんでこんなに覚えが悪いの？」と犬のせいにしていませんか？ 実はほとんどの場合、原因は飼い主さんの教え方にあります。

❶ごほうびの与え方
❷言葉のかけ方
❸トレーニングをする環境や時間帯

以上3つのポイントを見直してみましょう。

見直しポイント❶ ごほうびのあげ方、ほめ方

□ごほうびが犬にとって魅力的でない

犬によって、好きなオヤツはいろいろです。愛犬の一番の好物のオヤツをごほうびにすることで、トレーニングがスムーズになります。鶏のササミ、鶏や豚のレバーなどをゆでたものは、多くの犬が好むスペシャルなオヤツです。市販のオヤツやフードであまり効果がないときは、ひと手間かけた手作りフードを使ってみるのも手です。

□ほめ方が十分ではない

リーダー型飼い主さんや、理論派飼い主さんによく見られるのですが、「飼い主さんはほめているつもりでも、犬にうまく伝わっていない」ということがあります。

ごほうびを与えるだけでなく、「イイコ！」「よくできたね！」などと、感情を込めてやさしく声をかけてほめることで、犬のやる気を引き出すことができます。

□正しくできていないのに、ごほうびをあげている

指示通りの行動をしていないのに「がん

ばったから、いいよね」とごほうびのオヤツをあげていませんか？

特に、お世話好き飼い主さんや、友達型飼い主さんの中には、愛犬かわいさにオヤツをあげるタイミングを見誤る人もいそうですね。「ごほうびのオヤツは、トレーニングが成功したときだけ」と徹底しないと、犬は混乱してしまいます。

なかなかうまくいかないときは、一段階前のトレーニングをやり直してみたり、確実にできる指示を出して、何かひとつ成功してからオヤツをあげてみましょう。

□オヤツをあげるタイミングが遅い

「ほめるのは1秒以内」が原則です。

しばらく時間があいてしまうと、犬はいったい何をほめられているのか、わからなくなってしまいます。

特に「マテ」のしつけなどでは、長く待たせようとして、オヤツをあげるタイミングが遅くなってしまうことがあります。

最初は2〜3秒でも待てたら、すぐにオヤツをあげましょう。

□完全に覚える前に、オヤツを与えるのをやめてしまった

トイレのしつけなどは特に、「できるようになったと思って安心して、その後、オヤツをあげなくなったらできなくなってしまった」ということがよくあります。

この場合、基本に立ち返る必要があります。覚えてほしいことを確実にできるようになるまでは、繰り返しオヤツをあげることが大切です。

見直しポイント❷ 言葉のかけ方

□指示語が統一されていない

たとえば、座らせるときに「オスワリ」「スワレ」「シットダウン」など、いろいろな指示語

を使うと、犬は混乱してしまいます。家族が何人かいる場合などは特に、みんなが同じ言葉で犬にトレーニングすることが大事です。

声の出し方がわかりにくい

声が低すぎたり、もごもごしている。同じ言葉を繰り返すなどの声のかけ方は、犬に伝わりにくくなります。お世話好き型飼い主さんなどは、犬に話しかけてあげる人が多く、「マルちゃん、オスワリ。ほらほら、オスワリしますよ～」などと文章で伝えようとすることがあります。これではどれが指示語なのかわからず、犬は混乱してしまいます。

「オスワリ」と、ひと言ではっきり声をかけるようにしましょう。

声かけが遅い

たとえば「オスワリ」の最初のトレーニング（86ページ）では、手を徐々に下げていき、犬のおしりが地面につく瞬間に「オスワリ」と声をかけるのがポイントです。

指示語が早すぎたり、遅すぎると、指示語と行動が結びつかなくなってしまいます。

見直しポイント❸ 環境や時間帯

満腹または空腹のときに行っている

オヤツを使うトレーニングでは、満腹のときはモチベーションが上がらない犬もいます。おなかがすいているくらいの状態の方が、オヤツの効果がアップする犬もいます。

あまりに空腹すぎるときは、食べ物を見せると異常に興奮してしまう犬もいるので、そういう場合には避けましょう。

眠いときや疲れているときに行っている

犬が眠そうにしているとき、散歩や運動のあとで疲れているときは、トレーニングには向きません。きちんと休ませてあげましょう。

トレーニングをする時間を決めていたとしても、犬の様子を見て、集中できなそうなときは、やめたほうがいいでしょう。

トレーニングの時間が長すぎる

トレーニングは、犬が集中できる時間内にすることが大事です。子犬なら1回のトレーニングは2～3分間で、1日数回行うのがおすすめです。トレーニングに慣れ、集中力が出てきたら、少し時間を伸ばしてもOK。

犬のしつけをしっかりしたいと思うリーダー型飼い主さんや、愛犬に対して時間と労力をいとわないお世話好き飼い主さんは、特にトレーニングの時間が長くなりすぎないように気をつけましょう。

落ち着かない場所で行っている

初めてトレーニングを行うときは、いつも過ごしている部屋など、犬がリラックスできる場所で行いましょう。

家の中でも人の出入りが多い玄関近くや、家族が集まっているリビングなどでは気が散ることがあります。

家の中から外に場所を移すときも、「家の庭⬇いつも行く公園⬇その他の場所」というように、段階を踏んでトレーニングしていくことが大事です。

体調が悪いときに行っている

いつもと様子が違うときは、体調が悪いサインかもしれません。犬は自分から「調子が悪い」と言えないので、注意してみてあげて。

◎

トレーニングがうまくいかないときは、飼い主さんも気持ちがあせり気味になります。しかしそんなときこそ、犬との信頼関係をしっかり築くことが大事です。

うまくいかないときは、しつけ教室に通う、ドッグトレーナーに相談をするなど、プロの手を借りることも方法のひとつです。

PART 4

より快適、happyに暮らすために

トイレ、留守番、散歩のお悩み解決トレーニング

気持ちにうまくよりそい、人も犬も快適に暮らそう

トラブルが起きたら愛犬の心の声を聞こう

「愛犬との生活をスタートして、しばらくは順調だったのに、急に犬が今までしなかった行動をするようになった……」「ちゃんとトイレを覚えていたはずなのに、なぜか違う場所でするようになった」、「今までおとなしく留守番していたのに、どういうわけか急に吠え続けるようになった」

こうしたことがあると、飼い主さんは「今までできていたのに、どうして……？」とやるせない気持ちに

お悩み解決の心得

「我が家ルール」をしっかり決める

「これはしていい」「これはさせない」というルールを作り、家族全員がそのルールに従って、犬と接しましょう。「お父さんには叱られたけれど、お母さんは許してくれた」という状態では、犬は混乱してしまいます。

「なんでするの？」ではなく、「どうしたらさせないで済むか」が大事

飼い主さんから見て困った行動でも、そこには愛犬の言い分があることも。「なんでするの？」と犬を叱るより、「どうしたらさせないで済むか」を人間の側で考えることが大事です。

関係がこわれたら、修復するまで待つ

問題行動があったときにきつく叱りつけたり、体罰を与えると、犬と飼い主さんの関係が壊れてしまうことも。そんなときは、まずは仲直りをしましょう。信頼関係がないと、トレーニングはうまくいきません。

詳しくは ➡ 130～131ページ

なるかもしれません。

そんなとき、一番やってはいけないのは、犬をきつく叱ること。

人間から見ると問題行動と思えることも、犬にとっては何らかの理由があることが多いものです。

たとえば、新しい家族が増えたり、引っ越しをしたりなど、環境の変化はありませんでしたか？

また、子犬から成犬へと成長する過程で、人間との暮らしで自分なりに学習したことを実践するようになっているのかもしれません。

問題行動をするようになったときは、まず冷静になることです。

「人間が無理にやめさせるしつけ」ではなく、「犬が自然とその行動をしなくなるトレーニング」が得策です。

今一度、犬との接し方、コミュニケーションの方法を見直して、よりよい関係が築けるようにはたらきかけましょう。

「叱る」「無視する」は場面に応じて適切に

その叱り方は効果的？NGワードを知っておこう

犬のトレーニングのコツは「できたらほめる」こと。では、困った行動をやめさせたいときはどうすればいいのでしょうか？

基本的には叱ってやめさせるのではなく、「犬に上手にお願いすること」が効果的です。ただ急に他の犬にとびつくなど、危険を伴うときは、その場で行動を止めることが必要になります。

犬に伝わりやすく、信頼関係を深める態度と、犬にとって飼い主さんとの信頼関係をこわしかねない態度を知っておきましょう。

信頼関係をこわす態度

✕ むやみに怒鳴る
✕ 体罰を加える

問題行動を起こしたときや、なかなか言うことを聞かないとき、ついカッとなって大声で怒鳴ったり、叩いてしまったりするのは×。

責任感が強い「リーダー型飼い主さん」の中には「自分が叱らなくて、誰が教えてあげられるんだ!」と思う人もいるかもしれません。でも叱らなくても教えられるし、できないのは教え方が悪いからで、犬が悪いのではありません。

NGワード

✕「どうしてできないの!」
✕「前はできたでしょ!」
✕「何度言ったらわかるの!」
など

ちゃんととできないことが許せない「リーダー型飼い主さん」や、つい犬の行動に干渉したくなる「お世話好き飼い主さん」は、特にこういった言葉を言ってしまいがちです。気をつけましょう。

信頼関係を深める態度

○ できたらほめる
○ 失敗しても叱らない

犬は飼い主さんにほめられることで、「この行動をするといいことが起きる」と学習し、しつけの効果が上がっていくものです。失敗しても感情的にならないで、根気よくトレーニングを。

犬に対してのOKワード

○「ヨシ」
○「イイコ!」　など

ほめるときは、なるべく短く、犬がわかりやすい言葉をかけてあげるのがおすすめです。同じ言葉でほめれば、「この言葉をかけられたときは、ほめられている」と犬が覚えます。また声色や表情もやさしくして、犬に伝わりやすいようにほめてあげることが大事です。

犬との信頼関係がこわれてしまったときは

愛犬との信頼関係こそいちばん大事

犬に体罰を与えてしまった。怒鳴りつけてしまった……。そんなときは、愛犬との信頼関係がこわれてしまったかもしれません。愛犬があなたの指示に従わなくなったり、攻撃的になったりすることもあります。

犬と人に上下関係をつける必要はありません。共に暮らすパートナーとして、お互いが安全・安心に生活できるようになることがしつけの目的です。まずは犬との信頼関係を取り戻すことから始めましょう。

ここがポイント

「イヤ」のサインを見逃さないで

● うなる
よその犬や人に対してうなるのは、警告の意味。これを無視して近づいたり、ほかの犬に近づけたりするのはNG。

● 吠える
いろいろな理由がありますが、相手の行動をけん制する意味で吠えることもよくあります。

● かむ
うなったり、吠えたりしても相手が行動をやめなければ、かんで相手の行動を止めようとします。

● 目をそらす
叱られているとき、目をそらす犬は多いもの。これは飼い主さんを無視しているのではなく、「もうやめて」のサインです。

許してくれるまで待つ

人間どうしなら、何かあっても「もうしないから、許して」と言葉で伝えられます。でも犬に対しては、それは無理。犬は一度受けた嫌な経験をなかなか忘れません。時間をかけて関係を修復しましょう。

こちらからさわらない

体罰を受けた場合は、飼い主さんの手が伸びてきただけで恐怖を感じることがあります。無理に声をかけたりさわったりしないで、適度な距離を保ちましょう。

平常心で付き合う

犬は飼い主さんの感情を敏感に感じ取ります。飼い主さんが犬との関係に不安を持っているうちは、その不安が犬に伝わってしまいます。適度な距離感で犬の様子を観察し、飼い主さんが平常心で接することができるようになれば、仲直りは早いかもしれません。

「トイレの悩み」を解決!!

根気よく教えれば必ずトイレを覚える

犬のしつけの悩みの№1ともいえるのが、トイレのしつけ。「なかなか覚えてくれない」「一度は覚えたのに、違う場所でするようになった」など、さまざまな悩みを抱える飼い主さんがいるようです。

しかし繰り返し述べてきたように、犬は学習能力が高い動物。根気よく適切な教え方をしてあげれば、必ずトイレを覚えます。なかなか覚えられなかったり、失敗してしまうのには、何かしらの原因があることが多いのです。原因を突き止め、改善策を取り入れていきましょう。

ほめ方やタイミングも覚えさせるためには重要

「愛犬がなかなかトイレを覚えてくれない」と悩んでいたA子さん。

ドッグトレーナーに相談したところ、「できたときにちゃんとほめていますか?」といわれました。

そういえば、失敗したときは叱るけれど、できた時は「当たり前」と受け流していたことに気づきました。

タイミングよくトイレに誘導し、できたらすぐにほめて、一番お気に入りのオヤツをごほうびであげるようにしたら、しばらくしてトイレの失敗がなくなりました。飼い主さんの教え方を見直すことは大事です。

トイレの悩み❶ トイレの場所を覚えない

なぜ覚えない?

行動範囲が広すぎない? トイレの場所は適切?

トイレのしつけをして、2~3回できただけで「これで覚えてくれた」と思っていませんか? 完全に覚えるようになるまでは、毎回きちんとほめてあげないと、失敗を繰り返す場合があります。

また家の中で自由にさせる時間が長く、行動範囲が広いと、トイレ以外の場所でそそうするようになることも。トイレの場所が気に入らず、他の場所で排泄するようになることもあります。犬は排泄する場所と寝床は分けたいため、トイレとハウスの位置が近すぎると嫌がることも。

これで解決!

行動範囲、トイレ環境を見直そう

トイレがある部屋だけに行動範囲を制限

ほとんど失敗する場合は、2章を参考にしてもう一度トイレのしつけをやり直しましょう。

ときどき失敗する場合であれば、トイレの環境を見直してみましょう。

犬が自由に行動できる範囲を広くしている場合は、行動範囲をトイレがある部屋だけにしてみましょう。

どこにいてもトイレが近いため、失敗が少なくなります。

飼い主さん
タイプ別アドバイス

友達型飼い主さん

一緒に遊んでいるとき、つい自分も夢中になって、犬のトイレのタイミングを見逃してしまっていませんか? 犬は遊びに夢中になっていると、トイレへ行くのを忘れてしまいます。排泄したそうなそぶりがあったら、すぐにトイレに行かせましょう。

トイレの悩み② 急に違う場所でし始めた

なぜ覚えない？

マーキングをしている可能性大

今まで完璧にトイレで排泄ができていたのに、急に違うところでするようになった。

そんなとき一番の原因として考えられるのが〝マーキング〟です。

マーキングとは、排泄によって自分のニオイをつける行為です。通常の排泄と見分けるポイントは、オシッコの量とタイミング。マーキングではオシッコの量は少量です。また、排泄するタイミングが寝起きや食後、運動後などではなく、特に決まっていないのも特徴です。

メスでもマーキングをすることがある

マーキングは主に、オス犬によく見られる習性です。

しかしメス犬がすることも少なくありません。

マーキングが始まるきっかけは実にさまざまです。

家に別の犬がやって来た、散歩中に発情期のメスに会った、新しい家具が入ったなどがきっかけで、マーキングが始まることがあります。

飼い主の気を引くためにマーキングを始めることもあります。また怒られたり、散歩に連れていってもらえないなどのストレスが原因で、マーキングが始まることもあります。

マーキングの特徴（通常の排泄の違い）

尿の量が少なめ

部屋のあちこちにする

足を上げてすることが多い

これで解決！

「マーキングはトイレで」と教える

「去勢すればおさまる」とは限らない

オスであることが原因でしている、目印をつける意味が大きいマーキングの場合には、去勢をすると劇的に減ることがあります。しかし、オスであることとは関係なくマーキングしている場合には、あまり減ることはありません。

マーキングをするようになったら、「トイレでマーキングをすると良い」と教えましょう。トイレでちゃんとできたときに、言葉で大げさなほどよくほめて、とっておきのオヤツを与えます。「マーキングはしたいけれど、トイレではないところでするとオヤツがもらえない」、と理解させることがコツです。

失敗させないためには…

トイレで排泄する確率をアップさせ、ほめる回数を増やすようにするために、犬が行動できる範囲を、トイレがある部屋だけにしてみる。

飼い主さん タイプ別アドバイス

お世話好き飼い主さん

お世話好きなあなたは、子育てするように犬をしつけようとしがち。排泄を失敗したとき、「我が子は一回覚えたらできる」と信じてしまって、失敗したことを責めてはいませんか？　犬がしっかりと学習するまで、根気よくほめ続けることが大切です。

トイレの復習トレーニング

**失敗する原因を見つけて対処するのと同時に、
トイレトレーニングをやり直しましょう。
失敗を発見しても過剰に反応せず、冷静に対処を。**

1 失敗を見つけても騒がない

アレレ？

トイレ以外の場所でオシッコをしているのを見つけたときも、大きな声で怒ったりしない。

2 ハウスに戻す

落ち着いた態度でハウスへ戻す。このとき、おもちゃやオヤツを使って誘導しない。

3 しっかり拭き取る

ハウスの扉を閉めてから、雑巾やティッシュなどでオシッコをしっかり拭き取る。消臭スプレーでニオイを消す。

4 しばらくハウスに入れておく

床にオシッコしたら、
ハウスに
入れられちゃうんだ…

ハウスに入れて、5分以上そのままにしておく。落ちついているようなら出してやる。

トイレの悩み❸ ウンチを食べてしまう

なぜ食べる？

犬は食糞する習性がある

ウンチを食べる行動は〝食糞《しょくふん》〟といって、犬には見られる行動です。

なぜ食べるか、その理由ははっきりとはわかっていません。

子犬を観察していると、ウンチに興味をもってニオイをかぐ行動が見られます。興味が他にうつればウンチから離れますが、まだ幼いうちに、ペットショップのガラスケースの中で1匹で隔離されていた子犬などは、ウンチで遊んでいるうちに食べてしまうことも少なくないようです。

叱るとお尻から直接食べるようになることも

飼い主さんからすると「なんで食べるの！」「汚いよ!!」と、思わず声を上げてしまいたくなる行動ですが、大きな声で注意するのは逆効果です。「注目されている」と勘違いして、余計に食べるようになったり、取られまいとして、お尻から直接ウンチを食べるようになってしまうこともあります。

なんて汚いことを！
病気になったら、どうするの？!
なんで
ダメなの？

解決方法は次のページ

これで解決！

食べようとしたらオヤツで気をそらす

場所を移動させてオヤツをあげる

ウンチを食べさせないためには、「ウンチをしたらすぐに片付けること」が最も効果的です。

ただ、あわてて片付けにいくと、犬は「取られないように」と急いで食べてしまうことがあります。

「オヤツ！」など言葉をかけて、オヤツを見せて気を引き、別の場所に移動させるようにしましょう。

ウンチより興味があるもの、好きなものが出てくれれば、犬は執着することなく、自然とウンチから離れられるようになります。

そして離れたら、さっと拾って片付けてしまいましょう。

これを繰り返しているうちに、ウンチをしたら、自分からその場を離れて、オヤツをもらいに来るようになるでしょう。そうなったらしつけ成功です。

ここがポイント

子犬をひまにさせているとウンチで遊ぶようになる

さまざまなことに好奇心旺盛な子犬は、時間があるとウンチに興味をもって遊ぶようになってしまいます。親やきょうだいと育ってきた子犬は、遊び相手が近くにいるので、ウンチへの関心が向きにくいかもしれません。子犬の時の生育環境も、ウンチを食べるようになる一因になります。

飼い主さん
タイプ別アドバイス

リーダー型飼い主さん

犬がウンチを食べたら「ありえない！」と、つい怒ってしまっていませんか？　人にとってはウンチを食べるのは異常ですが、犬にとってはありえます。さりげなく気をそらすようにしたほうが、犬もウンチに執着しなくなります。

ウンチから気をそらす方法

ウンチで遊ぶよりもっといいことがあることを教え、ほかに気を向かせましょう。「ウンチをしたら、よいことがある」と思わせるのがポイントです。

1 オヤツで気をそらす

ウンチをしたら、トイレから離れた、毎回同じ場所で、お気に入りのオヤツを使って犬を呼ぶ。

2 ウンチを片付ける

オヤツを食べている間に、ウンチをそっと片づける。

Q&A

Q よその犬のウンチを食べてしまいました。大丈夫でしょうか？

A 心配なら動物病院へ連れていきましょう

散歩の途中などで、ほかの犬のウンチを食べてしまうことがあるかもしれません。散歩中は、ウンチ以外のものも含めて拾い食いしないよう、リードでしっかりコントロールしましょう。万が一食べてしまって、具合が悪そうであれば動物病院へ連れていきましょう。

トイレの悩み④ サークルの中でしてくれない

なぜしない？

サークルに戻りたくないだけかも

サークルから出すと、中のトイレに戻って排泄してくれない。こうした場合は、「サークルに戻りたくない」「サークルに閉じ込められるのがイヤ」と思っている可能性があります。

この場合は、①「ハウス」と言われない限りは閉じ込められないこと、②「外で排泄するより、サークルのトイレでした方がいいことがある」ということを犬に学習させるのがポイントです。この2点を徹底して教えれば、犬は自然と「トイレに戻ろう」と思うようになります。

オヤツがもらえないからしたくないのかも

サークルの中で何度か排泄したからといって、油断は禁物。外に出ていても必ず戻って排泄するようになったとは限りません。

できるようになったからと言って、ごほうびにオヤツを与えるのをやめてしまうと、好きなところでしてしまうこともあるのです。

こんな場合はオヤツを使って、もう一度サークル内でのトイレのしつけをやり直してみましょう。

もし、サークルの外であれば上手にできるなら、トイレシートを外に敷いて、そこでできたらほめてあげることからしつけをやり直しましょう。

なんで中のトイレでオシッコしないの？
最近、オシッコしてもオヤツもらえないよ
う〜ん…

これで解決!

まずはサークルの外でできればOK

サークルの中に置いたトイレでしてくれることにあまりこだわる必要はありません。「サークルの外に置いたトイレなら排泄してくれる」場合は、サークルから出して遊ばせる時、トイレも一緒に出せばOKです。

サークルの中にこだわりすぎて、長時間閉じ込めたりすると、がまんしすぎて体に負担がかかってしまうことがあります。

サークルの中で排泄できなくても、外にトイレシートを敷いたらできる場合は、まずはそこをトイレにして練習を始めましょう。

「ワンツー、ワンツー」の声かけも効果的

排泄中に「ワンツー、ワンツー」などと声かけすることで、サークル内でもかけ声に反応してできるようになることがあります。

まずはサークル内で犬が落ち着いて過ごせるようにならないと、トイレトレーニングもうまくいかない。

飼い主さん
タイプ別アドバイス

友達型飼い主さん

「サークルの中が嫌なら、自由にさせてあげればいいよね」と、犬を自由にさせたくなる友達型飼い主さん。しかし飼い主さんの留守中に、犬を家の中で自由にさせて、あちこちで排泄すると飼い主さんが困るのでは？　少しずつサークルにも慣らしていきましょう。

サークルでのトイレトレーニング

サークルの外ではできるけれど、サークルの中に置くとできない場合、まずは、外で排泄しているときに「ワン・ツー」などかけ声でオシッコをするように教えましょう。

1 トイレを設置

サークルの外にトイレシートを敷く。普段使っているトイレを置いてもよい。

2 排泄したら声をかける

トイレシートの上でオシッコを始めたら、「ワンツー、ワンツー」などと声をかける。

3 できたらオヤツを与える

排泄が終わったら、ごほうびにオヤツをあげる。

4 サークルの中でも声かけ

❶〜❸を何度かトレーニングしたら、サークルの中にトイレを入れる。「ワンツー、ワンツー」などと声をかけて、排泄を促す。

トイレの悩み 5

屋外でしか排泄しない

なぜしない？

外のほうが気持ちいい犬もいる

屋外でしか排泄しない原因は、散歩のさせ方にあることが多いものです。

子犬の頃から朝夕規則正しく散歩に連れて行くようにしていると、これが習慣となり、家の中にトイレを設置してもしなくなることがあります。

また、犬は巣穴を汚すのを嫌う習性を残しています。長時間がまんする必要がなければ、外へ出た時に排泄するのを好むようです。

成犬になると、排泄を長時間がまんできるようになるので、ますます外でしかしなくなる傾向があります。

散歩できないとき、困ってしまう

外でしか排泄できないと、天候が悪い日や飼い主さんの都合で散歩に行けないときに困ってしまいます。

また、犬がけがや病気をしたときも、外でしか排泄できないのは困ってしまいますね。

室内でもちゃんと排泄できるように練習していきましょう。

①家の中のトイレでできるようになり、②その後排泄してもオヤツをあげなくなっていて、③朝夕散歩に連れて行っている、という3つの要素が重なると、外でしか排泄しなくなることが多いようです。

散歩に行けない日もあるのよ。家の中のトイレでもできるようになって！
トイレは外でするって決めてるんだ！だって気持ちいいんだもん

 解決方法は次のページ

これで解決！

少しずつ家の中でできるように練習を

家でもする場合は小さな成功をほめる

まったく外でしかできないわけでなく、家の中でもときどきは排泄する場合は、「トイレでできたらほめる」という基本のトレーニングを再度強化してみましょう。

お気に入りのオヤツをごほうびに使い、「そうか、家でトイレをするといいことがあるんだった！」と犬に思い出させるのがポイントです。

トレーニングのタイミングは、オシッコが膀胱にたまりやすい、朝がいいでしょう。

家のトイレで排泄できたら、タイミングよくほめることが大切です。

少しずつ家の近くでできるように

「まったく家の中でトイレをしない」「もう何年も散歩中にする習慣がついてしまっている」という場合は、根気強くトレーニングしないと難しいかもしれません。

おすすめの方法は、「ワンツー、ワンツー」のかけ声を利用したトレーニング法です。

まず家の外で排泄したときにこのかけ声をかけ、終わったらごほうびのオヤツを与えます。

そして徐々に家の前、玄関と、家の中に近づけていき、最終的には室内のトイレでできるようにしていきます。

飼い主さん
タイプ別アドバイス

お世話好き飼い主さん

朝晩２回など時間を決めて、毎日愛犬をお散歩に連れ出していませんか？　決まった時間に行くと、犬が「この時間がトイレタイム」と学習してしまい、家のトイレでしなくなることがあります。家の中でもしてほしい場合には、散歩の時間や回数は決めない方がいいのです。

家の中で排泄できるようにするトレーニング

外で排泄できたら声をかけ、この声をきっかけに、
家の近く ➡ 庭 ➡ 玄関などというように、少しずつ家の中の
トイレに近い場所でできるように慣れさせていきましょう。

1 排泄しているとき声をかける

外で排泄しているときに、「ワンツー、ワンツー」などと声をかける。

2 できたらオヤツをあげる

排泄したら、特にお気に入りのオヤツを与えて、しっかりほめてあげる。

3 室内に近づけていく

家の庭など外の環境から徐々に室内に近づけていき、排泄させる。うまくできたら、オヤツをあげてほめる。

4 慣れたら室内でするよう導く

室内の玄関などにトイレシートを敷き、「ワンツー、ワンツー」の声かけで排泄させる。できたら、オヤツをあげてほめてあげる。

「散歩中の悩み」を解決!!

「引っ張る犬＝ダメな犬」と思わないで

散歩中に「犬がリードを引っ張る」ことに困っている飼い主さんは多いようです。しかしこれはそんなに問題なのでしょうか?

犬は散歩しているとき、ただ「前に行きたい」と思っているだけです。犬の嗅覚はとても優れていて、散歩中は鼻からさまざまな情報を得ています。あちこち行きたがるのは、ニオイを確認しながら散歩を楽しんでいる証拠です。

「リードを引っ張る犬＝ダメな犬」とレッテルを貼らずに、うまくリードコントロールをして、楽しく安全に散歩できるようにしましょう。

ほかの犬に反応するのも自然なこと

「散歩中にほかの犬に吠えたり、飛びつこうとしたりする」ことに悩んでいる飼い主さんも多いようです。しかしほかの犬に反応するのは犬にとってみれば自然なこと。

お友達になれそうな犬とは、相手の飼い主さんの了承もとりながら、近づかせてあげればいいでしょう。ケンカをしてしまいそうなら、飼い主さんがうまく遠ざけるようにすればいいのです。

散歩は多くの犬にとって、最高のお楽しみタイムです。犬の気持ちによりそいながら、楽しく散歩するためのしつけをしましょう。

散歩中の悩み❶ 力づくで引っ張る

なぜ引っ張る?

嗅覚が優れた犬は何かを察知している

散歩中に急に犬が力づくで引っ張るときは、何か気になることがあるのかもしれません。

犬は嗅覚が優れているので、「近くに知っている犬がいる」「おいしそうな食べ物のニオイがする」など、さまざまな情報を嗅覚から得ています。

飼い主さんには何も見えていないけれど、犬にとってみれば「早く行きたい!」という魅力的なものが近くにあるのかもしれません。また逆にこわいものがあり、逃げたがっているのかもしれません。

これで解決!

リードを短く持って、コントロール

飼い主さんを意識して歩く習慣を

犬が何かに反応して、先を急ごうとして飼い主さんを引っ張ることは仕方ありません。

これを止めるには、リードを短く持って、飼い主さんが行先を修正できるようにすることが大事です。

また散歩中は犬が飼い主さんの動きを意識して歩けるように、しっかりトレーニングしておきましょう(109ページ参照)。

飼い主さん タイプ別アドバイス

友達型 飼い主さん

散歩のとき、犬が引っ張るのにまかせて歩いていませんか? 「こっちに行きたいのかな?」と、犬の気持ちによりそってあげるのはいいのですが、リードでしっかりコントロールできるようにしていないと、急に車が来たときなど、危険な目にあうので注意して。

散歩中の悩み❷

他の犬をこわがって引っ張る

なぜ引っ張る？

社会化が足りないとこわがる

散歩中に知らない犬が近寄ってきたときは、お互いにニオイを嗅ぎ合うのが犬のあいさつの仕方です。しかし子犬の頃に社会化が不足していた犬は、ほかの犬をこわがり、逃げようとして引っ張ることがあります。

「どうしてお友達が来たのに、仲良くできないのかしら?」と残念に思う飼い主さんもいるかもしれません。しかしこわがっているのに無理に近寄らせると、攻撃的になって相手の犬に吠えたり、かみついたりすることもあります。

これで解決！

うまくかわすトレーニングをする

おいしいもので気をそらす

知らない犬が来ると警戒してこわがる場合は、その不安を軽減させるために魅力的なオヤツを使って、気持ちをそらす方法がおすすめです。

ポイントは「知らない犬が来る→おいしいものが食べられる」と学習させることです。ほかの犬が来た時に飼い主さんの顔を見るようになり、相手の犬への警戒心をそらしてうまくかわすことができます。

飼い主さん タイプ別アドバイス

お世話好き飼い主さん

愛情たっぷりに犬を見守っている飼い主さんは、「うちの犬にもお友達がたくさんできたらいいのに」と思うかもしれません。しかし「飼い主さんがいてくれれば幸せ」というタイプの犬もいます。無理に友達づくりさせようとする必要はありません。

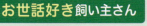

他の犬をうまくかわす方法

散歩中は、飼い主さんが愛犬より先によその犬に、気づくようにしましょう。
オヤツを用意して、犬よりこちらに興味がわくようにうまく誘導します。
オヤツを使って、Uターンしてもかまいません。

1 近づく前に相手に気づく

すれ違う前に相手に気づいて、犬どうしが近い距離ですれ違わないかを判断する。

2 相手と自分の犬のあいだに入る

飼い主さんは相手の犬と自分の犬のあいだに入り、犬どうしの視線が合わないようにする。

3 オヤツで誘導

相手の犬の視線をさえぎったら、オヤツを使って、犬どうしが外側になってすれ違えるように誘導する。

4 そのまますれ違う

オヤツで気を引いたまま、誘導してすれ違う。

散歩中の悩み③ 他の犬に飛びつく、吠える

なぜとびつく?

嬉しい気持ちと不安のどちら?

散歩の途中でよその犬と出くわしたとき、道幅が広ければ接触しなくてすみますが、狭い道だとすぐ近くまで犬が近寄り、飛びついたり吠えたりすることがあります。

これは犬にしてみれば、遊びたくて喜んで誘っているのか、こわがっているのかもしれません。

いずれにせよ、相手に迷惑をかけてしまってはいけません。

飼い主さんが犬がとびつく原因をよく見極めて、その場面をコントロールする必要があります。

これで解決!

リードを短めに持ち、コントロール

密集した場所では特にしっかり

散歩のときは、道幅や周りの環境によっては、短めにリードを持つようにします。人や犬がいたりする場合には、飛びつけない長さに調節することが必要です。

車や人通りの多い都会での散歩は、静かな郊外で散歩するときと違い、犬に対する刺激が多いものです。リードを短くして、最初から動ける範囲を制限したほうが安全です。

飼い主さん
タイプ別アドバイス

友達型飼い主さん

人の迷惑になりにくい道では、気をつけて犬を自由に歩かせても良いです。しかし、散歩中はほかの犬はもちろん、急に車が来たり、小さな子供が走ってきたり、思わぬアクシデントが起こる危険があります。普段から「リードは短め」で対処できるようにしましょう。

散歩中の悩み④ 座り込んで引っ張る

なぜ座り込む？

原因となることが何かあるはず

犬の中には、あまり散歩が好きでないタイプの犬もいます。

運動のため、気分転換のためと飼い主さんが散歩に連れ出しても、道の途中で座り込んでしまう犬も。何かこわいものがあり、おじけづいて座り込んでいるのかもしれません。

無理やりリードを引っ張って歩かせようとすると、かえって「こわい！　歩きたくない！」という犬の気持ちを助長します。何か原因がないか、周りを見渡してみましょう。

これで解決！

原因に応じてモチベーションアップ

上手に気分を乗せてあげて

もしこわがって座り込んでいるのなら、少し離れて犬を呼び、そばまで来たらよくほめてやって、歩き続けるようにしむけます。

違う方向へ行きたくて座り込んでいるようなら、一緒に走ってみたりして、気分を上げるようにします。

犬の気持ちによりそい、「散歩は楽しい」と思えるように気分を乗せてあげましょう。

飼い主さん
タイプ別アドバイス

リーダー型飼い主さん

犬のことを愛するがゆえ、厳しく振舞ってしまうことがあるかもしれません。座り込んだときに叱りつけていませんか？　座り込むのは、嫌なことやこわいことがあるからかもしれません。わがままでしているわけではないので、気分が上がるように誘導してあげましょう。

「お留守番の悩み」を解決!!

不安や警戒が強いと留守番が苦手に

外出している間に、大事な家具をかじってしまった。飼い主さんの留守中、ずっと吠え続けて、近隣の方に迷惑をかけてしまった……。そんなトラブルで悩む飼い主さんはとても多いものです。

飼い主さんの不在中に吠え続けたり、いたずらをしたりするのには理由があります。不安や警戒心が原因だったり、たいくつしていたりする場合などが多いです。普段からハウスで落ち着いて過ごす習慣をつけるなど、飼い主さん不在でも気持ちが不安定にならないようにしつけをしていきましょう。

生育環境が影響していることも

親きょうだいと一緒にいることで充分な安心感を得られなかった子犬は、不安になりやすい傾向があります。

優良なブリーダーの下で、安定した親きょうだいに囲まれて、幼いころに安心感をはぐくまれている犬は、留守番も上手にできることが多いようです。

上手に留守番させるには、環境の見直しも大切です。

落ち着いて過ごせる部屋で、サークルなどで行動範囲を制限しておけば、不用意ないたずらをすることもなくなります。

お留守番の悩み❶ 留守中に吠え続ける

なぜ吠える？

留守番中は不安を感じやすい

ひとりぼっちで留守番するのが苦手な犬は多いもの。犬の性質にもよりますが、警戒心が強い犬だと、小さな物音がしただけでも吠えてしまうことがあります。

犬は、家には鍵がかかっていて、外から人が侵入してこないと理解していません。そのためドアホンが鳴ったり、人の気配がすると警戒して、吠えてしまうことがあるようです。

飼い主さんがいないときでも安心して過ごせるように、小さいころからしつけをしておくことが大事です。

吠えたら戻るのは逆効果

外出の支度をして、いざ外に出てみたものの、家の中で犬が吠えているのが聞こえてきた……。

こんなとき、犬のことを心配して家に戻るのはNGです。

「一度出かけても、吠えたら、飼い主さんが戻ってきてくれる」と、犬が学習してしまうからです。

大げさに「いいコでお留守番してね」などと声をかけるのもNG。

犬は声をかけられた後、飼い主さんが家を出ていくと学習して、警戒心を強めてしまいます。

出かけるそぶりを見せただけで、吠えるようになることもあるのです。

お買い物に行くだけだから、すぐ戻ってくるのに……。
ワン
ワン
ワン
ワン
ひとりぼっちはこわいよー！

解決方法は次のページ

これで解決！

自立心を育て、ひとりでも過ごせるようにする

留守番成功のカギはハウスのしつけ

安心して留守番できるようにするには、普段から飼い主さんと愛犬が別々の時間を過ごす習慣をつくっておくことが大事です。飼い主さんが家にいることが多く、常に犬にかまっていると、少し不在になっただけでも不安になってしまうことがあります。

安心して自分だけで過ごせるようにするには、ハウスのしつけ（60ページ）が最も効果的です。

飼い主さんが在宅しているときも、時間を決めて犬はハウスで、飼い主さんは別の部屋で落ち着いて過ごす習慣をつけましょう。

出かけるときはおおげさに声をかけない

ハウスで落ち着いて過ごせるようになったら、飼い主さんが出かけるときに、犬が注意を向けないように気をそらすトレーニングをしてみましょう。

お気に入りのオヤツが中に入っているおもちゃなどをハウスの中に入れ、犬が気を取られているうちに外出してみましょう。

また出かけるときは、大げさに声をかけたりせずに、サッと家を出たほうが犬を刺激しません。

ただ犬がお留守番に慣れてきたら、軽く「行ってくるね」と声をかけた方がよい場合もあります。

飼い主さん

タイプ別アドバイス

お世話好き飼い主さん

「狭いサークルの中では退屈してしまわないかな？」と思い、留守中に家の中を自由に行き来できるようにしていませんか？　ハウスで留守番するのは、安全面でのメリットがあります。しつけができていれば、犬はハウスにいることで安心できます。

ハウスで留守番するトレーニング

飼い主さんがいないときは、「ハウスでくつろいでいればいい」と犬にわからせてあげましょう。飼い主さんの外出が気にならないくらい、犬が大好きなオヤツを使うと効果がアップします。

1 ハウスに誘導する

出かける前に、おもちゃやオヤツを見せて、ハウスに誘導する。

2 オヤツやおもちゃを与える

ハウスに入ったら、おもちゃやオヤツを与える。おもちゃにはオヤツを詰めておく。

3 遊んでいる間に出かける

犬がおもちゃやオヤツに気を引かれているうちに出かける。

ここがポイント

帰ってきてもすぐにかまわない

上手に留守番できるようにするコツは、お出かけの前後を大きなイベントにしないこと。飼い主さんが帰宅した時も、わざわざ犬に声をかけに行く必要はありません。落ち着いて留守番できていたら、ひと息ついてからサークルの外に出して、遊んであげるといいでしょう。

お留守番の悩み❷ あちこちにそそうをする

なぜそうする？

排泄することで不安や不満を表現

普段はちゃんとトイレで用を足すのに、飼い主さんの留守中になるとトイレ以外の場所でそそうすることがあります。これは排泄することで、飼い主さん不在の不安や不満を消そうとしているのかもしれません。

またトイレのしつけができるようになったと思っていても、実はまだ完全にできていないことも考えられます。ほめてくれる飼い主さんがいないので、トイレ以外の場所でしてしまっているのかもしれません。

これで解決！

ハウスで過ごさせて、中にトイレを設置

あちこちでそそうしないように、まずは飼い主さんの留守中は、犬が過ごすスペースを制限するようにしましょう。留守がちの家のトイレトレーニング（56ページ）を参考に、サークルの中にトイレとハウス（クレート）を設置して、ここで過ごせるようにしつけをしましょう。

飼い主さん タイプ別アドバイス

理論派飼い主さん

犬の様子を見ながら、しっかりしつけをするのが得意な理論派飼い主さん。トイレのしつけは完璧と思っていても、愛犬はさみしさや不安からそそうすることはあります。気落ちしないで、トイレのしつけをしなおしてみましょう。

お留守番の悩み❸ 留守番中に物をこわす、暴れる

なぜ暴れる？

不安が高まると破壊行動が出ることも

外出から帰ってきたら、愛犬が大切な本をビリビリに破いていた、大事な置物が見事にこわれていた……。

そんなことがあると、飼い主さんは「なんでこんなことするの?!」と犬に怒りをぶつけたくなってしまうことでしょう。

しかし、怒ったり、叱ったりしても問題は解決しません。まずは冷静になることが大切です。

犬がこんな行動をとるのは、留守番中に大きな物音がして怖かったなど、何か理由があるのかもしれません。

これで解決！

落ち着いて過ごせる環境づくりを

物をこわしたり、暴れたりすると、犬自身にも危険が及ぶこともあります。植木鉢や照明器具など、危険なものを倒してケガをすることもあるかもしれません。前述の悩み1や2と同様、飼い主さんの留守中はサークルやクレートで過ごさせましょう。

また不安に陥りがちな犬は、普段から犬が自信を持てるようなつきあいをしておくとよいでしょう。具体的には、犬ができることをさせて、よくほめてあげるのが効果的です。オスワリやマテでいいので、飼い主さんの指示でできたら、たくさんほめてあげましょう。犬と飼い主さんの信頼関係を深めることが、問題行動の改善にはとても効果的です。

普段から犬と飼い主さんが信頼関係を深めるようなつきあい方をすることが大事。

Column

ペットロスとの向き合い方

愛犬とのお別れは、とてもつらいものです。「ペットロス」と向き合い、克服するためのヒントを紹介しましょう。

悲しいときは思い切り悲しむのが正解

ペットロス症候群とは、ペットと死別するなど、大切なパートナーとの別れをきっかけに発生する、心身の症状をいいます。

愛犬を亡くした悲しみは、簡単には癒えないかもしれません。家族として愛犬をかわいがって、同じ時間を過ごしてきたなら、その悲しみは自然に湧き出る感情でしょう。

悲しいときは、我慢をしないで、思い切り悲しんでいいのです。悲しいとき、つらいときに思い切り泣くことは、心理学的にも浄化の効果があるとされています。

喪失体験からの回復に要する時間とエネルギーを調査したデータがあります。これによると、回復まで一番エネルギーを要するのが配偶者の死だそうです。続いて2、3位は離婚、別居となっています。ペットとのお別れも、人によっては同じかそれ以上につらいものかもしれませんね。

悲しみから立ち直る「悲嘆のプロセス」が大切

今、家族や親しい人との死別体験で、精神的に深い傷を負った人に向けて「グリーフケア」という取り組みが盛んに行われています。

ペットロスに向き合う飼い主さんにも、グリーフケアが必要ではないかと私は考えています。まずは「悲嘆のプロセス」を知っておくことが必要です。

以下は死生学を専門とする哲学者アルフォンス・デーケン氏の「悲嘆のプロセス12の段階」を、ペットとのお別れに当てはめて解釈した、「飼い主さんの心の変化のプロセス」です。

1 愛犬を失った直後は、涙も出ない、精神的な麻痺状態に陥る。

2 愛犬の死を認められず「死ぬわけがない！」などと、現実を拒絶する。

3 パニックに陥る。

4 「なぜ私の犬だけが……」と不当感を抱く。
5 「あの人はろくに犬の世話もしなかった」などと、他人への敵意、恨みが出てくる。
6 「もっとできることがあったのでは？」という罪悪感にさいなまされる。
7 亡くなった犬に対して「もしかして、ペットホテルに預けていたんだっけ？」などと空想を抱く。
8 いつもの散歩やごはんの時間がつらくなり、孤独感を感じる。
9 何もする気がしない、人にも会いたくないなど、精神的な混乱を生じる。
10 「つらいけれど、愛犬はもういない」というあきらめ、受容が始まる。
11 つらいけれど、愛犬は心の中にいる。愛と絆を実感し、希望を持てるようになる。
12 「あのコのおかげで、今の自分がある」と思える。立ち直り、新しいアイデンティティが誕生する。

以上のプロセスは、悲しみを癒し、前に進むために必要なこととされています。それが抑制されたり欠如したりすると、慢性的な心痛や、身体症状をともなうことにもなりかねないといいます。

正しく悲しみ、自分の感情を受け入れることが大切だといえるでしょう。

ペットロスを予防する方法とは？

犬も人も時間とともに老いていきます。愛犬の寿命を意識し、愛犬の習性や病気に関する知識を深めておけば、いざ病気になったときにあわてずにすむでしょう。信頼できる獣医師を探しておき、犬の健康管理をしっかりすることで、病気を予防できます。

また愛犬に過剰な依存をしないようにすること、多様なコミュニティに参加して、自分の世界を広げておくことなども大切です。可能ならば、多頭飼いをすることもひとつの方法です。そして一番大切なのは、愛犬にたくさんの愛情を注いであげて、一緒に過ごす時間を充実させること。どんなに尽くしてあげてもお別れの日が来たら、後悔するかもしれません。しかし普段からできる限りのことをしてあげていれば、どこかで自分を納得させることができるはずです。

「思い出アルバム」を作っておくのもおすすめ

愛犬との「思い出アルバム」を作ることも、ペットロスを和らげるのに役立ちます。まずは以下の写真を撮影しておきましょう。

❶朝起きたとき
❷ごはんを食べているとき
❸好きな遊びをしているとき
❹お散歩
❺ブラッシングなどのお手入れ風景
❻お風呂（家で入れている場合。そうでない場合はトリミングの様子）
❼友だち犬とのツーショット
❽お気に入りの寝ている姿

この8枚に加えて、飼い主さんと愛犬ツーショットを撮影しておき、3×3マスに並べてアルバムを作ります。飼い主さんとの写真は中央に配置します。

愛犬を見送った直後は、アルバムを見るのがつらいかもしれません。しかし心の傷が癒えてきた頃には、かけがえのない思い出が、あなたの心を癒してくれるはずです。

PART
5

その「困った!!」は、もっとなかよくなるチャンス！

吠える、かむ、とびつくのお悩み解決トレーニング

「吠える」「かむ」「とびつく」は犬の本能に基づいた行動

安心・安全に暮らすためにトレーニングを

飼い主さんが困る犬の3大行動といえば、「吠える」「かむ」「とびつく」です。人間にとってこれらは困った行動ですが、犬にとっては本能に基づいた行動でもあり、完全には抑制が難しい部分もあります。

言葉を持たない犬は、ほかの犬とのコミュニケーションとしてかんだり、吠えたり、とびついたりする部分があります。

犬に悪気はなくても、かまれたらケガをしてしまうこともあります。

どんなときに、どうしてするの？

吠える

来客に吠える。飼い主さんが出かけたり、帰って来たりすると吠える。吠えるときは、こわがっている場合と、うれしくて興奮している場合があります。原因を探り、適切に対処しましょう。また住環境などの見直しをすることで、吠えなくなることもあります。

かむ

じゃれてかんでくることもありますが、多いのがこわがってかんだり、興奮してほかの犬をかもうとするなどのトラブルです。「かむ」という行動は犬にとって「イヤ」という意思表示なのですが、ケガの危険があります。

とびつく

飼い主さんや来客にとびつく。ほかの犬にとびつくなど、これも犬には多く見られる行動です。うれしくてする場合がほとんどですが、こわくてする場合などはかみつく危険性もあります。原因を見極めて、回避できるようにしましょう。

急に飛びつかれたら危険ですし、吠え続ける場合には近所迷惑になることも多々あります。

人間と犬が一緒に暮らすためには、この3つの行動をどう受け入れ、こちらの都合に合うようにどうお願いするかが、とても重要になります。子犬の頃からトレーニングをすることが、まず大事です。

また、もしかんだり、吠えたりという行動が出てきたら、「なぜするのか？」を飼い主さんが考えることです。そして、その行動をしないで別の行動をしてもらいましょう。

叱ってやめさせようとする飼い主さんもいますが、多くの場合かえって犬を興奮させることになります。信頼関係をこわすことにもなるので、むやみに叱るのはやめましょう。

飼い主さんが犬の気持ちによりそって、適切に対処していけば、行動を改善することができます。

「吠える」を解決!!

犬が吠えるのにはワケがある

「うちの犬、ドアホンが鳴ると必ず吠えるんです」「お客さんが来ると、帰るまでずっと吠えているので困ってしまいます……」。そんな悩みを抱える飼い主さんは多いものです。

たとえば人里離れた場所なら、多少吠えてもほかの人の迷惑にはならないでしょう。でも、住宅密集地では、ご近所とのトラブルにもなりかねません。

原因を突き止めて、適切なトレーニングをすれば、吠えなくてすむようにできる場面はたくさんあります。犬が吠えるのには、何かしらのワケがあるのです。

オヤツを上手く使ってトレーニングを

掃除機をかけると、必ず吠える犬がいました。吠えるだけでなく、吸込み口にかみつくので、困っていました。そこで「掃除機をかけるときは、大好きなオヤツを仕込んだおもちゃをハウスに入れて、誘導する」というルールを作り、繰り返しトレーニングを実践。

すると「掃除機が出てくるといいことがある」と犬が理解し、自らハウスに入るようになりました。

ごほうびのオヤツを使ったトレーニングは、こうした場合にもとても効果的です。ぜひいろいろな場面で活用しましょう。

吠える 悩み❶ ドアホンに吠える

なぜ吠える？

見知らぬ人が来たら吠えるのは犬の本能

ドアホンが鳴ると吠える犬は多いもの。その理由は、「誰か来た！」ということを知らせるためです。

いつもと違う人が侵入するのに警戒して吠えること自体は、悪いことではありません。犬としては、飼い主さんに異変を知らせる「お仕事」をしているつもりかもしれません。しかしドアホンが鳴るたびに吠えていたら、近所迷惑になることもあります。また、何より来客にも不快感を与えることもあるので、吠えないようにトレーニングをしましょう。

飼い主さんに反応した「イベント吠え」の場合も

ワンワン大きな声で鳴いているときは、こわがっている場合もあります。あるいは、「人が来たら騒ぐ」という〝イベント吠え〟になっていることもあります。

ドアホンが鳴って飼い主さんがあわてて玄関に走り、「はーい」などと大きな声で返事をしたりしていると、犬はその影響を受けます。何度も繰り返すうち、ドアホンが鳴ったら一緒に騒ぐようになることもあります。

犬が騒がないようにするには、飼い主さんが落ち着いて過ごしていることが大切です。犬を過剰に刺激するようなあわてる行動を、できるだけしないようにしたいものです。

飼い主がバタバタしていると一緒になって騒ぐことも

解決方法は次のページ

これで解決！

オヤツを使って気持ちをそらす

うるさいと叱るのは逆効果

「誰か知らない人が来ている！」と思い、犬が吠えているとき。

「なんで静かにできないの！」などと飼い主さんが声を荒げると、余計に興奮してしまいます。

大きい声を出されると、「飼い主さんも一緒になって吠えている」と犬は思っているという説もあります。

また、飼い主さんのあわてた行動が、犬を刺激して余計に吠えさせる原因になることも多いもの。

まずは飼い主さんが落ち着いた態度をとり、犬を叱らないようにすることが大切です。

大好物でうまく誘導しよう

吠えるのをやめさせるには、吠えたくなる気持ちを上回る魅力がある、愛犬の大好物のオヤツを使うのが一番効果的です。

犬が安心できるハウスへ誘導し、落ち着いて過ごせるようにします。おもちゃの中にオヤツを仕込むなどして、食べるのに時間がかかるようにしておくと、なおよいでしょう。

「吠えたい」より「食べたい」へ気持ちをシフトさせることで、「ピンポーンと鳴ったとき、ハウスに入ればオヤツがもらえる」と覚えてくれればしつけ成功です。

「吠える」から「食べる」に気持ちをそらすとよい。

飼い主さん
タイプ別アドバイス

お世話好き飼い主さん

ドアホンに反応して吠えたとき、犬を落ち着けようとして、犬を抱っこしたりしていませんか？こわくて吠えている場合、拘束されると余計にこわくなり、さらに激しく吠えてしまうこともあります。どうすれば犬が落ち着けるか、よく観察して判断しましょう。

ドアホンに吠えなくするトレーニング

吠えたい気持ちを上回る魅力あるオヤツを与えて、ハウスの中へ誘導しましょう。犬が飛びつくほど好きなお気に入りのオヤツを使うと効果てきめんです。

1 ドアホンが鳴ったらオヤツなどを与える

ドアの外で家族や知人にドアホンを鳴らしてもらう。すぐにオヤツで犬の気を引く。

2 ハウスの中に誘導

おもちゃやオヤツで犬の気を引き、ハウスの中へ誘導する。オヤツを中に詰められるおもちゃを与えると、時間がかせげる。

3 静かに扉を閉める

オヤツやおもちゃに犬が集中しているあいだに、ハウスの扉を閉める。

ここがポイント

ワンランク上のスペシャルフードを

トレーニング成功の秘訣は、犬が本当に好きなオヤツを使うことです。反応が今ひとつ悪い場合は、ゆでたレバーや鶏ササミなどあなたの犬が好きなスペシャルフードを使ってみるといいでしょう。犬のモチベーションが上がります。

吠える悩み❷ お客さんが来ると吠える

なぜ吠える?

「こわい」「うれしい」のどちらでも吠える

家族以外の人が家に来ると吠える犬は、けっこういます。お客さんに吠える理由は、「知らない人が来てこわいから吠える」場合があります。また、こわくない場合には、お客さんが来てうれしくて「誰か来たよ!」などと、犬が喜んで吠えていることもあります。

「こわい」「うれしい」のどちらが原因かは、犬の行動をよく観察しているとわかります。「こわい」ことが原因のときは、相手に激しく吠えるだけでなく、かみつくこともあるので、気をつけましょう。

かまってもらうと落ち着くことも

こわがって吠えているのか、うれしがって吠えているのかは、犬のボディランゲージでわかります。

体の力が抜け、しっぽをブンブン振っているのはうれしいときです。これはいわば歓迎のあいさつです。

そんなときに、「ダメ!」と叱りつけるのでは犬が少しかわいそうです。

うなり声をあげて耳を後ろに引き、激しく吠えているのは、こわがっていることが多いです。

こういった場合に強い口調で叱ると、犬は余計に興奮して、ますます吠えることもあるのです。むやみに叱らない方がよいでしょう。

お客さんをこわがって吠えるときと、うれしくて吠えるときがある。

これで解決！

来客時はハウスで過ごせるようにする

オヤツを使ってハウスへ誘導する

来客をこわがる犬は、社会化トレーニングが足りていないのかもしれません。まずは「お客さんが来てもこわくない」ということを、覚えられるようしつけましょう。

一方、喜んで吠えている場合は、相手が迷惑でなければ、少しかまってもらうと静かになることもあります。ただし来客のたびに大声で吠えることは近所迷惑になりかねません。飼い主さんの指示でハウスなどの安心できる場所で静かに過ごせるようにしつけをしましょう。

基本は167ページで紹介したように、「大好きなオヤツでハウスへ誘導する」方法です。またこの方法がマスターできたら、次のページで紹介している「マットで過ごすトレーニング」をしてみましょう。

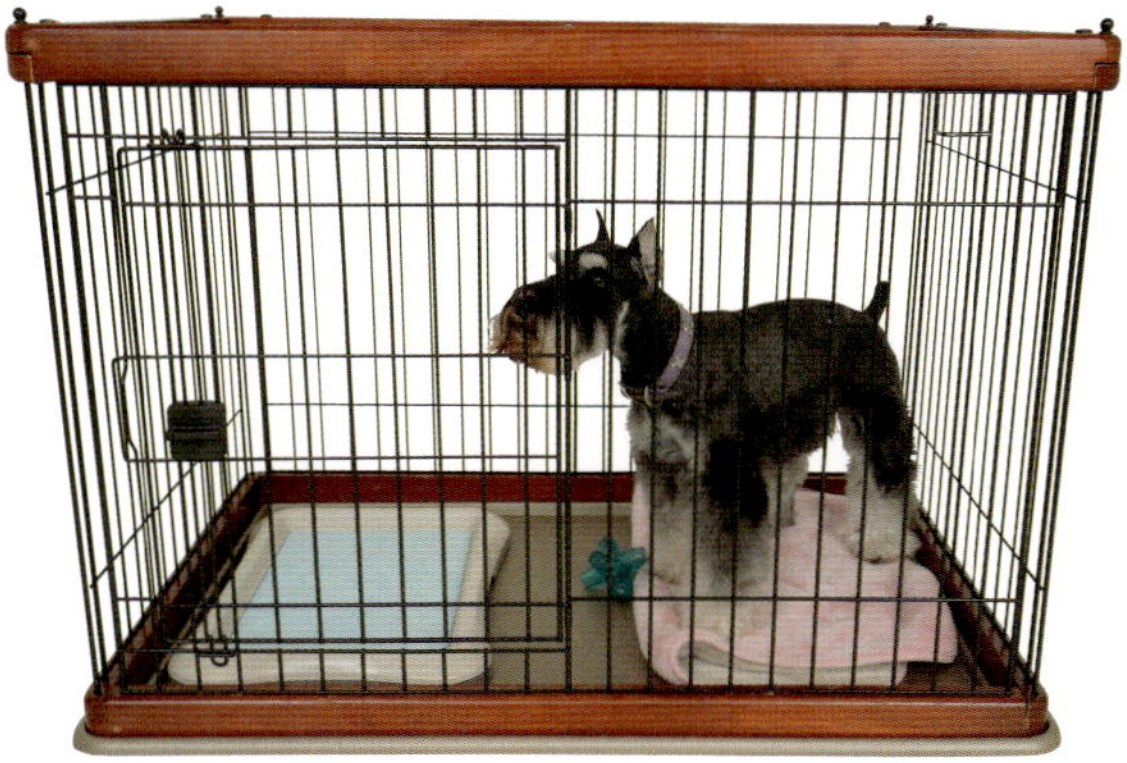
犬が苦手なお客さんの場合、お互いのために犬はハウスで過ごさせましょう。

飼い主さん
タイプ別アドバイス
友達型飼い主さん

犬と遊ぶのが大好きな飼い主さんは、「お客さんにもうちのコと遊んでほしい」と思うかもしれません。相手が犬が好きな人であっても、初対面の場合は犬がこわがって、攻撃的になることがあります。最初はハウスに入れて様子を見るなどしたほうが安全です。

お客さんが来たらマットで過ごすトレーニング

**「マットに移動すればオヤツがもらえる」
ということを覚えてもらい、
お客さんに反応して吠えることを忘れてもらいましょう。**

1 オヤツの入ったおもちゃを見せる

お客さんを部屋に招き入れる前に、オヤツの入ったおもちゃを見せて、興味を引き付ける。

2 オヤツでマットに誘導

犬の気持ちをオヤツに引きつけるように、オヤツを持った手を犬の鼻先に近づける。そして、マットへ誘導。

3 マットの上でオスワリ

マットに乗ったら、「オスワリ」と声をかける。フセでもかまわない。オスワリやフセをしていると、犬は楽に待っていられる。

ここがポイント

「オイデ」「オスワリ」「マテ」の基本のしつけをしっかりと

マットで静かにできるようにするには、まずは基本の３つのトレーニング「オイデ」「オスワリ」「マテ」（80〜91ページ）をしっかり教えてあげる必要があります。また「フセ」を習得すると、より確実に待たせることができるようになります。

吠える悩み❸ 要求吠えをする

なぜ吠える?

吠えれば飼い主さんが来てくれると思っている

ハウスに入れているとき、「出して!」とばかりに吠える。ごはんがほしい、散歩に行きたいと、飼い主さんに吠えて要求する。そんなとき「どうしたの?」などと声をかけて、すぐに犬の近くに行っていませんか? こうした「要求吠え」に応じると、犬は「吠えたら飼い主さんが来てくれる」と学習します。

もともと犬どうしは、相手に要求するときに吠えることはあまりしません。多くの飼い主さんが悩む「要求吠え」のクセは、飼い主の行動を学習した結果です。

怒ったり、反応すると余計にエスカレートする

ハウスに入れた犬が吠えるときは、「飼い主さんに出してほしい」という気持ちがあります。反応すると余計エスカレートするので注意しましょう。

犬は言葉の意味はわかりませんから、「どうしたの?」「静かにしなきゃダメ!」などと声をかけると、行動をやめようとはせず「吠えたら相手にしてくれた!」と喜んでしまうのです。

「吠えれば相手にしてもらえる」と覚えると、今度は飼い主さんが来てくれるまで吠え続けるようになります。

要求吠えには応えず、吠えても思いどおりにはならないことを教える必要があります。

キャン
キャン
吠えたら、かまってくれた!
静かにしてほしいのに、なんで吠えるの?!

吠えたらかまってあげるのは、逆効果。

解決方法は次のページ

これで解決！

犬に「あきらめること」を覚えてもらう

子犬の頃から自立心を育てよう

要求吠えをやめさせるには、吠えたときに反応するのをやめることが一番です。「かわいそうだから、吠えたらハウスから出してあげたい」と思う飼い主さんもいるかもしれません。

でもハウスで静かに過ごせないと、留守番もうまくできません。クレートに入れて動物病院へ連れて行ったり、一緒に旅行に出かけるなど、外出も思うようにできません。

子犬の頃から、まずはハウスのトレーニング（60ページ）をしっかりして、犬と人が別々に過ごす時間があることを、犬にわかってもらうようにしましょう。

オヤツは使わないでトレーニングする

要求吠えの改善には、吠えたら目隠しの布をケージにかけるトレーニングが効果的です。

「吠えると飼い主さんが来てくれる」のではなく、「吠えると飼い主さんが見えなくなる」と学習することで、要求吠えがなくなっていきます。

また多くのトレーニングでは、犬のモチベーションを上げるためにオヤツを使いますが、要求吠えをやめさせるトレーニングでは使いません。

時には「何かをすると嫌なことが起こる」ことをわかってもらうのも、有効です。

飼い主さん
タイプ別アドバイス

お世話好き飼い主さん

心優しい飼い主さんは、要求吠えされたとき、反応してあげないことを心苦しく思ってしまうかもしれません。でも「いつでも呼んだら来てくれる」と犬に思わせてしまうことは、長い目で見たら飼い主さんにとっても犬にとってもハッピーではありません。

要求吠えをやめさせるトレーニング

「吠えても思いどおりにはならない」ことを犬に学習してもらうトレーニングです。吠えるのをやめたときに布を外し忘れると、正しく学習してもらえないので、気をつけましょう。

1 ハウスに入れる

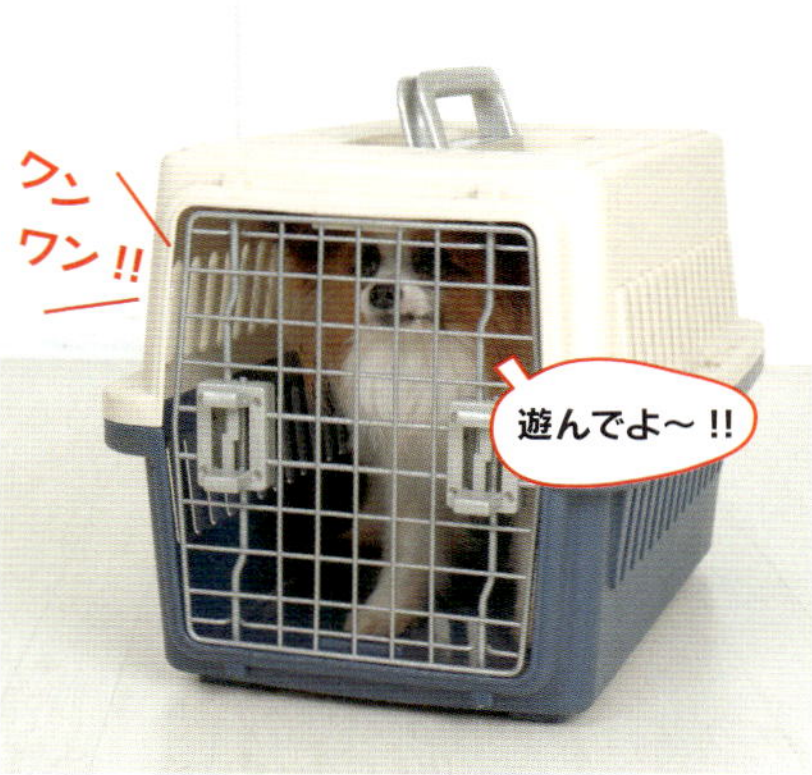

目隠し用の布を用意してから、犬をハウスに入れる。

2 吠えたら布をかける

吠えたら、ハウスに布をかけて目隠しする。「吠えると飼い主さんが見えなくなる」ことを教える。

3 吠え止んだら布を外す

吠えるのをやめたら、少し時間をおいてから布を外す。

4 何度か繰り返す

「吠えたら布で目隠し」➡「静かになったら外す」を繰り返す。そのうち、要求吠えをしなくなる。

「かむ」を解決!!

かむことは犬の本能

「体のお手入れをしていたら、愛犬にかまれてしまった」「よその犬に会うと、かもうとする」。

「かむ」という行動は、飼い主さんはもちろんほかの人や犬にも危害を加えるので、させたくないものです。

かむことは、犬の本能に基づいた行動です。こわいことがあったら、相手に知らせるためにかむことはもちろん、甘がみのように遊んでほしくてかんでくることも。「かむことをやめさせるのではなく、かまなくていいようにする」ことが大事です。犬の気持ちに寄り添い、トレーニングしていきましょう。

警戒心をなくすよう信頼関係を築く

小さい頃に親きょうだいから離されて育った犬は、甘がみで相手の反応を学習することができず、犬の社会的ルールが身についていません。

そのため遊びたいのに加減がわからず、相手が痛いほどかみついてしまうことがあります。

またかんだ時に強く叱ると、こわいという思いから、ますますかみグセがつくことも。

そんな時は、甘がみの加減を教えて上手に遊ぶことで、信頼関係を築いていきましょう。

そうすると次第にかむ行為は減っていくことが多いものです。

かむ 悩み❶ じゃれてかみつく

なぜかむ？

甘がみは犬の大好きな遊び

子犬たちは、飼い主さんの手や足を軽くかんでくることがあります。これは「甘がみ」といって、子犬が好きな遊びのひとつです。

「飼い主さんと遊びたい！」という、犬からのメッセージでもあります。

しかし生まれてすぐに親やきょうだいから離されて、ほかの犬と甘がみをし合った経験のない犬は、力の加減がわからず、強くかみついてくることがあります。そんなとき「ダメ！」と叱ると、愛犬との信頼関係がこわれてしまいます。

無理にやめさせようとしなくてもいい

遊ぶことが大好きで、元気いっぱいの子犬が甘がみをしてくるのは、当然のことです。

甘がみは「遊ぼう」というメッセージです。本来はそっと歯を立てるようなかみ方なのですが、加減を覚えていない場合には痛いこともあります。がまんできる範囲であれば受け入れてかまいませんが、痛いときは加減を教えるか、別のおもちゃなどをかませて遊ぶようにするとよいでしょう。

「遊ぼう」と言われているのに叱ったら、犬と仲良くなれないばかりか、ひどく叱ると「やめて」というかみつきに変わってしまいます。

犬は一緒に遊びたいだけ。

解決方法は次のページ

これで解決！

おもちゃを使って遊んでみる

遊びで気分を発散させる

甘がみをしてくる犬は、遊びたくてしかたがありません。

「遊びたい！」という気持ちを受け止めて、一緒に遊んでエネルギーを発散させましょう。

子犬の乳歯は鋭いので、犬のほうは軽くかんでいるつもりでも、人間のほうは痛く感じることがあります。あまりに痛い場合には、おもちゃを使って遊ぶのがおすすめです。

手にはめて遊ぶパペットや、じゃらし棒（100ページ）などのおもちゃを使うと、安全に楽しく犬と遊べておすすめです。

お気に入りのおもちゃを見つけよう

犬によって興味をもつおもちゃはいろいろです。いくつかのおもちゃを用意して、お気に入りのものを見つけてあげましょう。

飼い主さん
タイプ別アドバイス

友達型飼い主さん

犬と遊ぶことが好きな飼い主さんは、ついとことん遊んであげてしまいがち。特にひっぱりっこなどは、犬がエキサイトしやすい遊びです。興奮させすぎたと感じたら、オスワリなどをさせて落ち着かせてから遊びを再開するようにしましょう。

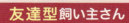

甘がみする犬と楽しく遊ぶ方法

子犬は甘がみして遊ぼうとしてきます。
甘がみをやめさせるのではなく、おもちゃを使って遊び、
気持ちをそらしてあげれば、甘がみを減らすことができます。

1 おもちゃを必ず用意する

甘がみされたくないときは、犬のお気に入りのおもちゃを持っておく。

2 かまれても叱らない

楽しくなり犬が甘がみしてきても、それほど痛くなければ叱らないで受け入れてあげよう。

3 おもちゃを投げてみる

甘がみされたくなかったら、おもちゃを投げるなどして、犬の気をそらす工夫を。

かむ

悩み② 触ろうとするとかむ

なぜ吠える?

触られることが苦手な犬もいる

愛犬にかまれるのが怖くて、触ることができない。そんな悩みをもつ飼い主さんは、けっこう多いものです。家族がいる場合、お母さんは犬を触ることができるのに、ほかの家族が触ろうとするとかもうとしてくるといったケースも。「飼い主さんと絆を結ぶタイプ」の犬には、こういった傾向があるコもいます。

また犬には、触られるのが嫌な体の部位があります（103ページ）。体調が悪かったり、ケガをしていたりすると、触られたくなくてかむことがあります。

これで解決!

犬が許してくれるようになるのを待つ

飼い主さんと信頼関係が成り立っていれば、犬は体を触られることを拒絶しなくなります。そのためには、基本のトレーニング（80ページ）をしっかり行い、犬との信頼関係をまずは確立しましょう。

体を押さえて無理に頭をなでようとしたり、抱っこしようとしたりすると、逆に犬との信頼関係をこわしてしまうことがあります。

「犬が飼い主さんを受け入れるまで待つ」ようにして、徐々に体に触れるようになっていきましょう。

飼い主さん
タイプ別アドバイス

理論派飼い主さん

普段触られるのが平気な犬でも、何かストレスがあったり、体調が悪かったりすると、飼い主さんが体に触れたとき、かもうとしてくることがあります。犬にもその時々で気分や体調に変化があるのだと、おおらかに受け止めてあげましょう。

かむ 悩み❸

体の手入れを嫌がってかむ

なぜかむ？

なぜお手入れする必要があるかわからない

愛犬の健康を守るためには、ブラッシングや爪切り、シャンプーなどのお手入れ欠かせないものです。しかし「ブラッシングを嫌がって、ブラシを見せただけで唸ってかもうとしてくる」という話もよく聞きます。

なぜお手入れをする必要があるのか、犬は理解できません。特に爪切りなどは、敏感な足先をいじられるので、苦手な犬が多いようです。「あなたのために必要だからやるのよ！」と言ったところで、犬には理解できません。

愛犬のためにも慣らすことが大事

嫌がることを無理にするのは、飼い主さんにとっても気が重いものです。でも必要なお手入れができないと、犬の健康を損ねる原因にも。犬の健康を守ることは、飼い主さんの大事な役割です。

お手入れを犬が嫌がらないようにするためには、小さい頃からの付き合い方が大事です。「飼い主さんに触られても、嫌なことが起こらない」と犬に理解してもらいましょう。そのためにも子犬の頃から子犬が気持ちよくなるように触って、慣らしていくことが欠かせません。

あなたのために、しなくちゃいけないの！
なんでこんなことされなきゃいけないの～！

犬はなんでイヤなことをされるのか、わからない。

解決方法は次のページ

これで解決！

オヤツを使って、お手入れに慣らしていく

いいことがあると思わせる

犬がお手入れを嫌がるときに一番してはいけないのが、叱ることです。嫌なことをされているうえに叱られるのでは、犬は本当にお手入れが嫌いになってしまいます。

犬がお手入れを嫌がるのは、飼い主さんのことを嫌ったり、反抗しようとしているからではありません。

そこで取り入れたいのが、「オヤツを使って、お手入れに慣らすトレーニング」です。

楽しいことがあるとわかれば、犬は次第にお手入れが終わったら良いことがあると理解するようになります。

できないことはプロに頼んでも

お手入れに慣らすには、愛犬のお気に入りのオヤツを使い、最初は食べさせながら行います。慣れてきたら、少しずつオヤツを与えるタイミングを遅くしていきます。

これを繰り返すうち「お手入れを受ければ、オヤツがもらえる」と学習し、先にオヤツをあげなくても、お手入れが終わるまで静かにしていられるようになります。

またどうしてもブラッシングやシャンプーを拒否する場合は、トリミングサロンなどプロの手を借りるのも選択肢のひとつです。

飼い主さん

タイプ別アドバイス

お世話好き飼い主さん

ブラッシングはもちろん、シャンプーや爪切りもきちんとしてあげたい。お世話好きな飼い主さんは、完璧にお手入れをしてあげなくちゃと気負いがち。犬が嫌がってお手入れが上手にできなくても、ガッカリしないで、少しずつ慣らしていきましょう。

オヤツを使い、お手入れに慣らすトレーニング

苦手な犬が多い体のお手入れのしつけは、いつものフードよりも魅力的なオヤツを使うと効果的。ひとりで行うのが難しいときは、ほかの人にも手伝ってもらうといいでしょう。

1 オヤツを与える

お手入れの準備をしたら、まずはオヤツを与える。食べきるのに時間がかかるものがよい。

2 食べているあいだにお手入れ

犬がオヤツを食べているうちに、お手入れをする。手で直接オヤツを与えると、犬の動きをコントロールしやすい。

3 終わったらごほうびを

お手入れが終わったら、もう一度オヤツをごほうびとして与える。最初よりも犬が好きなものをあげると効果的。「ヨシ」「イイコ」と言葉でもほめてあげて。

4 オヤツなしでもできるようにする

慣れてくると最初のオヤツはなしでもできるようになる。お手入れ後のオヤツは、必ず与えるようにする。

犬が喜ぶ正しいお手入れ方法

犬の健康のために、見た目を美しく保つために、
体のお手入れは不可欠です。
ここでは上手にお手入れするコツを
紹介しましょう。

ブラッシング

ブラッシングは本来、犬にとって気持ちの良いこと。しかし痛い思いをすると、嫌いになってしまいます。まずは用具に慣らすことから始めましょう。

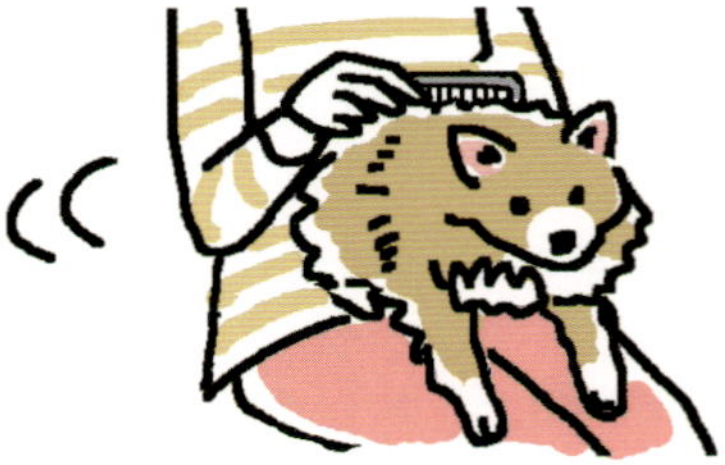

慣れてきたら普通の向きで当てて、犬が嫌がらない部分からブラッシングを始めてみる。完全に慣れるまでは、毎日少しずつ分けて行うとよい。

まずは用具に慣らすことからはじめる。オヤツで気を紛らわせながら、コームやピンブラシを体に当ててみる。最初はとがっていない背のほうを体に当てる。

犬種に合った用具を準備して

飼い主さんが犬にしてあげるお手入れは、ブラッシング、爪切り、シャンプー、耳そうじ、肉球のケアなどです。中でもブラッシングは被毛を整えるだけでなく、皮膚の健康を保つためにも欠かせません。

長毛種、短毛種など、犬種によって必要な用具は違ってきます。ペットショップなどで相談をして、愛犬に合ったグッズをそろえましょう。犬には換毛期があり、春は冬毛から夏毛に、秋は夏毛から冬毛に生え変わります。換毛期がハッキリしない場合もありますが、生え変わる時期は特にこまめにブラッシングをしましょう。

シャンプー

シャンプーは体をぬらすため、苦手な犬も多いもの。またドライヤーを嫌うコもいるので、オヤツをうまくあげながら行いましょう。月に1～2回が目安です。

あらかじめブラッシングしてから、シャワーの水圧はなるべく弱くして、ぬるめのお湯で洗ってあげるのがコツ。シャンプーは犬用のものを使う。

爪切り

爪切りもブラッシング同様、用具に慣らすことから始めます。まずは誰かにオヤツを与えてもらい、爪切りを軽く犬の足先にあててみましょう。

最初は1日指1本ずつ切って、徐々に慣らしていく。爪をよく観察して、血管を切らないように注意。

肉球のケア

足先も犬が触られるのを嫌う場所です。普段は散歩の後、ぬれたタオルで汚れを落としてあげる程度でOKです。

乾燥を防ぐために、ときどき保護液やクリームを塗ってあげるとよい。

耳そうじ

耳はデリケートなため、犬が触られるのが苦手な部位です。しかし耳垢などの汚れがたまりやすいので、少しずつお手入れに慣らしていきましょう。

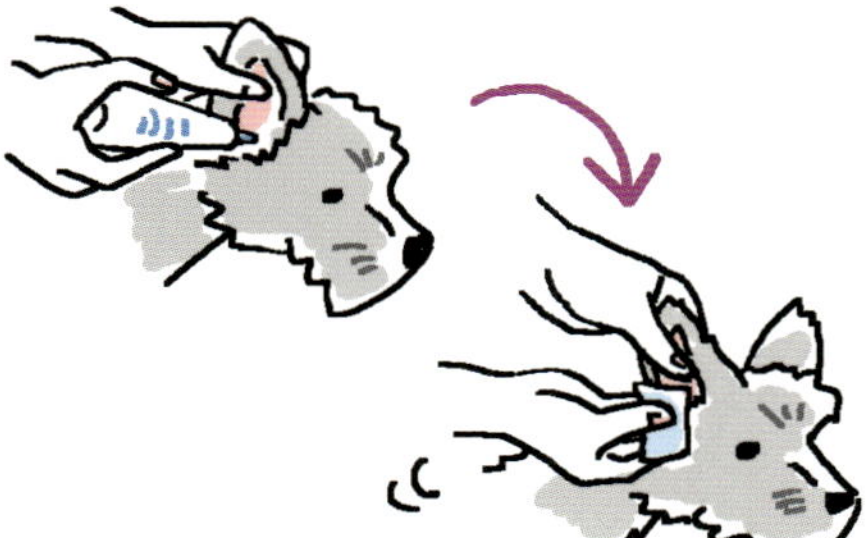

普段はぬらしたコットンやガーゼなどで、やさしく拭いてあげればOK。汚れているときは、クリーナーを使う。オヤツをあげながら、様子を見て行う。

かむ

悩み❹ よその犬をかむ

なぜかむ?

生育環境や もともとの気質も影響

「犬どうしは、みんな仲良くなれる」と思いがちですが、中にはほかの犬と仲良くなれない犬もいます。胎児の頃や、生まれてからの環境、犬に囲まれて育ったかどうかにも影響を受けます。生まれつき繊細な性格の犬は、ほかの犬を苦手に感じることがあるのです。

また生まれてすぐに親やきょうだいと引き離され、ひとりぼっちの環境で育てられた犬にも出やすい傾向です。ほかの犬とのつき合い方を学ぶ機会がないために、仲良くなれないのです。

社会化不足が 主な原因

子犬の頃に「社会化のトレーニング」(96ページ)をしていない犬は、ほかの犬を拒絶するようになることがあります。

「社会化のトレーニングができていない状態で、たくさんの犬がいるドッグランに連れていったところ、ほかの犬がこわくてドッグランに出られず、飼い主のそばを離れなかった」という例も。

犬とのつきあい方がわからないと、犬はこわくなってかんだり、吠えたりという行動をとります。どうしたらよいかわからなくてパニックになっている状態です。

そんなときに犬を叱っても、余計にこわがるので、逆効果です。

ボディランゲージで犬の気持ちを察してあげよう

●こわいとき

●リラックス

●うれしい

これで解決！

かむ前にその場を離れる

がんばって仲良くさせなくていい

「うちのコにもお友達がいたほうがいいのに……」と、犬がこわがっているのに、無理によその犬と近づけようとする飼い主さんをときどき見かけますが、これはやめましょう。

犬の中には、飼い主さんがいてくれれば、それだけで満足な犬もいるのです。散歩中にばったりほかの犬と出くわしたら、かむ前にその場を離れるのが得策です。Uターンをしたり、接触しないようにその場を離れましょう。

「行こう！」と明るく声をかけて、一緒に楽しく走るようにしたら、犬も楽しくなるはずです。

社会化トレーニングをしても効果がないときは、その犬の性質だと理解してあげよう

飼い主さん
タイプ別アドバイス
友達型飼い主さん

自分がほかの犬や飼い主さんとも仲良しになりたいと思って、ドッグカフェやオフ会に無理やり愛犬を連れ出していませんか？　犬友達を作ってあげたいと思っても、愛犬は迷惑しているかもしれません。様子をよく観察してあげましょう。

かむ

悩み5 食事中に近づくとかむ

なぜかむ?

食事に対して執着心があるのかも

食事中に飼い主さんが近づいて、食器に手を伸ばしたら、犬にかまれてしまった。そんなトラブルもよくあるようです。

これは「とらないで!」と思い、食べ物を守ろうとする行為です。

生まれてすぐに親きょうだいと離され、ひとりでごはんを食べて育った犬によく見られます。

中にはごはんが終わっても、食器をとられないように守ろうとする犬もいます。食事に対して、強い執着心があるのかもしれません。

これで解決!

食事がすむまで放っておく

食事は犬にとって、大きな楽しみのひとつです。そんなお楽しみタイムに手が伸びてきたら、「せっかくのごはんをとられちゃう!」と犬が思い、かもうとしても仕方ありません。

近づくとうなったり、かもうとしてくるなら、食事中は放っておくのが一番です。時間が経ち、もうごはんは出てこないとわかれば、すんなり食器を片付けさせてくれます。どうしても食器を片付けさせてくれないときは、おもちゃと引き換えにしてもいいでしょう。

飼い主さん

タイプ別アドバイス

リーダー型飼い主さん

「食事が済んだら、食器はすぐに片付ける」と決めて、犬が嫌がっているのに無理に片付けていませんか？　マナーの良い犬にしつけたい気持ちはわかりますが、かえって食事に執着してしまう可能性があります。ときには犬の好きなようにさせることも大事です。

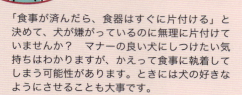

かむ 悩み⑥ 家具などをかむ

なぜかむ？

犬にとっては家具もおもちゃ

犬は遊びで何かをかむこともします。リビングで犬を遊ばせていたら、お気に入りのソファの脚がかじられて傷ついてしまった……。そんなとき、「ダメでしょ！」と叱っても、犬はなぜ叱られたのかわかりません。犬にとってみれば、ソファの脚も、かじって遊ぶ木のおもちゃも、同じ〝おもちゃ〟なのです。

元気で活発な犬は、飼い主さんが十分に遊んでくれなかったり、留守番していて退屈していると、こんな行動をしてしまいます。

これで解決！

たくさん遊んであげよう

犬が家具をかんだりするのは、ヒマだからです。

体力もエネルギーも余っている場合には、散歩に長めに連れ出したり、室内でも一緒に楽しめる遊び（99ページ）をして、充分に遊んであげましょう。

また普段から犬にかまれて困るものは手の届かないところに片付けておきましょう。そして飼い主の目が届かないときは、犬はハウスで過ごさせるなどのルールも徹底させて。留守番のときは、ハウスに入れておいたほうが安全です。

飼い主さん タイプ別アドバイス

友達型飼い主さん

自分が不在のときも、家の中で自由に犬を過ごさせていませんか？　飼い主さんがよければ、家具などをかんでもいいのかもしれませんが、家の中には犬が口にすると危険なものもあります。いたずらする可能性がある場合には、ハウスで過ごさせるといいでしょう。

「とびつく」を解決!!

仲よしになりたい気持ちの表現

飼い主さんにとびついたり、お客さんにとびついたり。犬が人間に飛びつこうとする場面はよくあります。また散歩中やドッグランでほかの犬に出会ったときも、とびつきたがります。こういった飛びつきは、「大好き！」「遊ぼうよ!!」という犬の気持ちの表現です。

仲よしになりたい気持ちの現れではあるものの、状況によっては困るので注意が必要です。例えば犬が苦手な人にとびつこうとしたら、相手はびっくりしてしまいます。いきなりよその犬にとびつかせるのも迷惑な話です。

叱るのではなく落ち着かせる

とびつき自体は悪いことではありませんが、場面に応じて飼い主さんがコントロールする必要があります。基本は「オスワリ」をさせて、落ち着かせること。地面にお尻をつけるオスワリの姿勢は、犬の気持ちを落ち着ける効果があります。また外で犬に出会ったときも、リードをうまく使い、行動を制御しましょう。

家に来客があるときなどは、とびつきたがる犬はハウスに最初から入れておくなど、飛びついたことを叱るのではなく、飛びつかなくて済むように飼い主さんが先手を打つことが大事です。

とびつく 悩み ❶ 飼い主にとびつく

なぜとびつく？

飼い主さんへの気持ちのあらわれ

飼い主さんが外出から帰ってきたときや、一緒に散歩に出かけるときなど、全身で「うれしい！」のオーラ全開でとびついてくる犬の姿はかわいいものです。

犬が飼い主さんにとびつくのは、だいたいが「大好き」という気持ちのあらわれです。「犬が人にとびつくのは、その人を自分より下と思っているから」という説もありますが、そんなふうに感じたことはありません。

犬の表情を見れば、喜んでとびついているのかどうかわかるはずです。

悪いことではないがコントロールできるように

飼い主さんが自分にとびつくことを許していると、犬は「これはやってもいいことなんだな」と学習し、ほかの人にもとびつくようになる可能性が高くなります。

家に小さな子どもがいる場合など、小型犬であっても、全力ダッシュでとびつかれたら危険です。

また愛犬が体の大きな犬だったり、飼い主さんが高齢だったりしたら、犬に悪気はなくても、思わぬケガをしてしまうこともあります。

とびつき自体は悪いことではありませんが、やはりコントロールできるようにしましょう。

思わぬケガをしないよう気をつけて。

解決方法は次のページ

これで解決!

「オスワリ」で落ち着かせる

叱るのは関係を悪化させる

犬にとびつかれたときに、「キャー」などと声を出して大げさに騒ぐのはやめましょう。

犬も興奮して、よけいにとびついてきます。冷静に対処しましょう。

またとびつきをやめさせようとして、厳しく叱るのはNGです。

犬は飼い主さんのことが好きでとびついているのです。「それなのに、なんで叱られなきゃいけないの?」と、犬は混乱してしまいます。

叱られたことがきっかけで、飼い主さんとの信頼関係に影響が出てしまうかもしれません。

座って待つことを教えてあげよう

とびつきをやめさせるには、代わりに「オスワリ」をさせるといいでしょう。オスワリをすると、犬は気持ちが落ち着きます。そして、上手にオスワリできたら「イイコ」とほめて、オヤツをあげましょう。

大好きというメッセージを、オスワリしてもらうことでしっかりと受けとめてやるのです。

また帰宅時にとびつかれることはよくあること。あなたの帰宅が犬たちはとても嬉しいのですから、危険ではない範囲で、興奮させすぎないように、しっかりと受けとめてあげるとよいでしょう。

飼い主さん
タイプ別アドバイス
お世話好き飼い主さん

全身でとびついてくる子犬がかわいくて、やめさせられない。そんな飼い主さんもいるかもしれません。でも子犬のうちはいいけれど、体が大きくなってから同じようにしたら危険です。危険な場合は、とびつきをコントロールするようにしましょう。

とびつきをコントロールするトレーニング

とびつきをやめさせるには、まずは「オスワリ」がしっかりできることが肝心です。冷静に声をかけて、犬を落ち着かせることがポイントになります。

1 とびつかれても相手をしない

遊ぼうよ〜

とびついてきても、手で払うなどして相手にせず、落ち着いて対応する。

2 「オスワリ」と声をかける

オスワリ！
はい、オスワリ

「オスワリ」と声をかけて、犬を座らせる。

3 できたらオヤツをあげる

ヨシ！
わーい！オヤツもらえたゾ

オスワリができたら、オヤツを与える。これを繰り返すことで、飛びつかなくなる。

ここがポイント

とびつかせたくないときは、背中を向ける

背中を向けると、犬も飼い主さんがかまってくれないことがわかり、とびつかなくなることがあります。

とびつく 悩み ❷

お客さんにとびつく

なぜとびつく？

お客さんが来て嬉しい気持ちを表現

お客さんにとびつく行動は、飼い主さんにすると「困った行動」に見えるかもしれません。しかし犬はお客さんが来たのがうれしくて、喜んでとびついていることがほとんどです。表情を見ると、目を輝かせて、しっぽを振って、嬉しそうなことが多いのです。

訪ねてきたお客さんが犬好きな人で、愛犬に会うことも楽しみに来てくれているなら、飼い主さんがきちんと行動を見守ったうえで、ご対面させてあげてもいいでしょう。

いざというときは行動をコントロール

いくら犬好きなお客さんでも、いきなり全力でとびつかれたら、転んでケガをすることもあります。

またよだれなどで服を汚してしまったら迷惑です。

犬は高齢者特有のゆっくりした動きや、子どもの機敏な動きなどに興味を示します。

特に子どもは、大人が思いもよらない接し方を犬にすることもありますから、いきなりご対面させるとトラブルになることもあります。

相手に危害が及ぶことのないように、そういうときは犬の行動をコントロールできるようにしておきましょう。

犬の行動は飼い主さんがコントロールして。

これで解決！

来客時はハウスで過ごさせる

安全のために基本はハウスで

犬が苦手なお客さんの場合には、ハウスに犬を入れておいたほうがいいでしょう。犬が好きで、犬も人が好きな場合には、様子を見ながらハウスから出してあげましょう。

また犬が急にとびつき、お客さんに迷惑がかかりそうなときも、「コラ！」などといきなり大きな声で叱るのは逆効果です。

飼い主さんの声がますます犬を興奮させてしまい、かえって激しくとびついてしまうかもしれません。落ち着いて「オスワリ」と声をかけて座らせるか、静かにハウスに誘導しましょう。

お客さんがきて、しばらくしてから
ハウスから出すのがおすすめ。

飼い主さん
タイプ別アドバイス

友達型飼い主さん

愛犬のお披露目をしたくてお客さんを呼ぶときは、お客さんと犬の両方の様子を見ながら、無理がないようにご対面をしましょう。相手が犬好きでも、あなたの犬が初めての人を警戒する場合には、様子をみながら対面させ、むやみに触ったりしないようお願いするのがよいでしょう。

とびつく悩み❸

よその犬にとびつく

なぜとびつく？

犬へのとびつきにはいろいろな原因が

散歩の途中や何頭かの犬が集まるオフ会などで、いきなりほかの犬にとびつくと、迷惑がかかってしまいます。犬へのとびつきには、いろいろな原因があります。

まずは「友達になりたい！」と思って、とびつく場合。好意からのとびつきですが、相手の犬や飼い主さんはビックリしてしまいます。

そして逆に相手がこわい場合には、近づかれたり、追い詰められたりするととびついてかもうとする場合があるので注意が必要です。

社会化ができていないと思わぬトラブルに

犬は言葉は話しませんが、お互いのニオイやボディランゲージで、どう接するべきか、などを理解しています。

相手の飼い主さんにも確認して大丈夫なら、お互いのニオイを嗅ぎ合わせて、犬同士を会話させてあげましょう。

ただ小さい頃、社会化のトレーニング（96ページ）をしていない犬は、ほかの犬が近づいてきただけで、こわがってしまうこともあります。

無理に近づけると、ストレスになるので注意が必要です。

犬の様子を見て、もしほかの犬をこわがっているようなら、無理に近づけるのはやめましょう。

犬どうしの表情を見れば、友達になりたいのか、こわがっているのかがわかる

これで解決！

「自由にとびつけない」とわかってもらう

飼い主さんがリードでコントロール

犬同士を対面させるときは、飼い主さんが犬の行動をコントロールできるように、リードをつけるようにしましょう。リードは短めに持ち、いざというときすぐに犬を引き戻せるようにしておきます。犬に「自由にとびつくことはできない」とわからせることが大事です。

犬どうしがニオイを嗅ぎ合って、お互いにフレンドリーな様子なら、そのまま一緒に遊ばせても大丈夫です。遊んでいる間も、目を離さないようにしましょう。またどちらかが興奮していたり、こわがっていたら、すぐに引き離すようにしましょう。

リードはしっかり持ち、いざというときはすぐに引き戻せるようにするとよい。

飼い主さん
タイプ別アドバイス

お世話好き飼い主さん

犬が近づいてきたら「相手の犬が急にかんできたらどうしよう……」と心配していませんか。あいさつをさせる場合には、必ず相手の飼い主さんに確認してからさせてあげましょう。心配しすぎず、お友だちの交流を見守ることも大切です。

とびつく

悩み4 ドッグランでとびつく

なぜとびつく？

楽しい気分が高じてとびつく

普段散歩に行く以外、なかなか外で自由に走り回ることができない犬にとって、ドッグランは大好きな場所です。飼い主さんにとっても、思いっきり走る愛犬の姿を見ることは、楽しいものです。

しかし楽しさが高じて、よその犬に「遊ぼうよ！」と、とびついてしまうことがあります。

犬には悪気はなくとも、相手の犬をケガさせたり、興奮させてしまってトラブルになっては、せっかく楽しい時間が台無しになってしまいます。

知らない場所が苦手な犬もいる

せっかく連れてきたのに、飼い主さんのそばから離れず、なかなか走り回れない犬もいます。

そんなこわがりな犬の場合、ドッグランに連れていっても楽しめないばかりか、ストレスになるだけのこともあります。また、追い詰められたりしてしまうと、防衛的に吠えたりかみついてしまったりすることがあるかもしれません。

ドッグランには、いろいろな犬と飼い主さんが来ています。

お互いが気持ちよく、楽しい時間が過ごせるように、しっかり愛犬の様子を見守って、無理なく遊ばせるようにしましょう。

飼い主さんが犬の気持ち、様子を見ながら遊ばせることが大事

お友達がいるよ！
知らない犬がいっぱいで、こわい〜（涙）

これで解決！

「オイデ」ができれば、とびつきもなくなる

叱ると戻って来なくなってしまう

ほかの犬にとびついているのを見て、大声で「ダメ！」「やめなさい!!」などと声をかけても、犬には理解できません。かえって興奮させてしまう可能性もあります。

また何度か呼びかけて、犬が戻ってきたところで叱りつけると、「飼い主さんのところに戻ると、怒られるのか」と犬が学習してしまいます。

とびつきをしていたら、叱るのではなく「オイデ」で犬を自分のところへ呼び戻しましょう。

そして戻ってきてくれたことを、ほめてあげましょう。

「オイデ」のしつけをしっかり復習

去勢、避妊手術をしていない犬をドッグランに連れていくことは、基本的におすすめしません。オスがメスを追いかけ回してしたり、メスがオスを刺激してしまって迷惑をかけることもあります。

もしプロとして繁殖するのでなければ、去勢避妊には賛成です。

自然なままでいさせてあげたい、と思っている飼い主さんもいるようですが、本当の意味で自然なままとは、発情したメスがいたら交尾できるということです。交尾したいのにできないという状況は、犬にとってもかなりのストレスになるそうです。

飼い主さん
タイプ別アドバイス
友達型飼い主さん

犬を遊ばせるためにドッグランに来たのに、犬の姿を見守らないで、ほかの飼い主さんとのおしゃべりに夢中になったりしていませんか？　目を離しているすきに、ほかの犬とトラブルが起きたら大変です。しっかり見守ってあげましょう。

とびつく悩み 5

人にマウンティングする

なぜする？

性的な意味より 遊びのことが多い

相手の犬の体を前足で押さえて上に乗る「マウンティング」は、性的な行為を思い起こさせることから、多くの飼い主さんができればさせたくないと思う行為です。

マウンティングには、性的な意味と、自分が優位であることをアピールする意味があるといわれます。しかし遊びのつもりということも多いので、あまり神経質になる必要はありません。人にする場合は、「一緒に遊ぼう！」というメッセージととらえたほうがいいでしょう。

犬の習性なので やめさせるのは難しい

マウンティングは犬がもともと持っている習性なので、完全にやめさせることは無理です。

「してはいけないこと」と飼い主さんが思い、厳しく叱っても実はあまり意味はありません。

自分がされてかまわないのであれば、放っておいてもかまいません。

「犬が人にマウンティングするのは、飼い主を見下しているから」という考えもあるようですが、そんなふうには思えません。

普段からしっかり信頼関係ができていれば、犬が飼い主さんを見下すことなどありません。

しっかり拒絶しないと、犬には伝わらない

これで解決！

「イヤ」だということを毅然と伝える

毅然とした態度で伝えることが大事

マウンティングをされて嫌なときは、しっかりと犬に「イヤ！」という気持ちを伝えましょう。

「やだ〜」などと中途半端に拒否しても伝わらないので、首輪をつかんで離したり、低い声でうなって威嚇するなど、毅然とした態度で伝えるのがおすすめです（次のページ参照）。

またしつこくしてくるときは、ハウスに入れて落ち着く時間をつくるのもいいでしょう。

かまってほしいエネルギーがあまっているのかもしれませんので、たくさん遊んであげるといいでしょう。

「オイデ」をしっかり教えよう

公共の場に犬を連れていくなら、飼い主さんとして最低限のしつけはしっかりしておくべきです。

ドッグランでは、飼い主さんの言葉で犬を呼び戻す「オイデ」のしつけはとても重要です。

「オイデ」のしつけは、最初はごく短い距離で行います（80ページ参照）。

そして慣れてきたら、少しずつ距離を伸ばし、かなり離れた場所でも「オイデ」の言葉がけで、戻ってこれるようにします。楽しく遊べるようになるために、トレーニングの復習をしっかりしておきましょう。

飼い主さん
タイプ別アドバイス

リーダー型飼い主さん

「マウンティングをするなんて、飼い主のことを軽んじているのでは?!」と、叱りつけてしまっていませんか？　犬は飼い主さんに遊んでほしくて、しているだけかもしれません。順位づけのためにしている行動ではないことを、わかってあげてくださいね。

マウンティングをやめさせる3つのステップ

マウンティングをやめてほしいときは、
きっぱりとその気持ちを伝えることが大事です。
中途半端な表現では、犬に伝わりません。

1 首輪をつかんではなす

首輪をつかんで、犬を遠ざける。かわいそうに見えるかもしれないが、拒否の意思表示が伝わるように毅然とした態度で行う。

2 低い声でうなる

犬のうなり声をまねて、低い声で「ウゥ〜」とうなるとやめることもある。

3 ハウスに入れてクールダウン

しつこくするときは、ハウスに入れるのもよい。叱る必要はなく、無言で入れて、落ち着いた様子が見られたら出してあげる。

ここがポイント

オヤツはあげない

マウンティングをしたときのクールダウンでハウスに入れるときは、オヤツを使って誘導しないようにしましょう。

とびつく悩み 6 よその犬にマウンティングする

なぜする？

遊びがほとんどなので あまり気にしないで

マウンティングはオスだけでなく、メスもすることがあります。「うちのコは大丈夫」と思っていても、いきなりすることもないとはいえません。

特によその犬とご挨拶させているときに、いきなり愛犬がマウンティングを始めてしまうと、飼い主さんどうしは気まずくなってしまいます。

ほとんどの場合、遊びでしているので、あまり神経質にならなくても大丈夫です。ただ相手の飼い主さんや犬が嫌がっているなら、すぐにやめさせましょう。

厳しく叱っても 効果はない

散歩中だったら、リードを引いて犬を引き離せますが、ドッグランなどの広い場所では、そうもいきません。犬を呼び戻したあと、「なんでこんなことするの！」などと叱っても、犬はなぜ怒られているのか理解できません。

マウンティングは犬の習性なので、完全になくすることは難しいのです。相手の犬や飼い主さんに迷惑がかからないように気をつけることは大事ですが、愛犬に対しては大らかな気持ちで見守ることも必要です。

ちなみに、去勢避妊をしていない場合には、ドッグランに連れて行くこと自体、要注意と考えたほうがよいでしょう。

叱るのではなく、リードを引くなどして引き離すことが肝心

解決方法は次のページ

これで解決！

「オイデ」で呼び戻し、落ち着かせる

呼び戻しができるようにしつけを

リードで犬の行動をコントロールできない場合は、ドッグランでのとびつきの対処と同様に（197ページ）、「オイデ」で呼び戻すようにしましょう。

普段から「オイデ」のトレーニングをしっかりしておけば、いろいろな場面で役立ちます。

またマウンティングをやめさせるために「オイデ」で呼び戻したときには、ごほうびのオヤツは与えないようにしましょう。

「マウンティングをしたら、オヤツがもらえた」と犬が勘違いしてしまうことがあるからです。

ここがポイント

去勢・避妊手術のメリット・デメリット

繁殖を望まない場合は、去勢・避妊手術を受けるのもひとつの選択肢です。マウンティング以外にもマーキングや攻撃的な行動が減るなどのメリットがあります。またホルモン系の病気の予防にも効果があります。ただし手術である以上、リスクはあります。受けさせる場合は、家族や獣医師とよく相談して、決めましょう。

飼い主さん
タイプ別アドバイス

友達型飼い主さん

「自然にすることだから、してもかまわない」と思っていても、マウンティングされたよその犬の飼い主さんは、気分を害しているかもしれません。犬の気持ちを尊重して、味方になってあげることも大事ですが、まわりへの配慮も忘れないようにしたいものです。

Q&A

Q1 よその犬にマウンティングされてしまったら、どうすればいい？

A 飼い主さんが止めたり、守ったりしてあげて

マウンティングをほかの犬からされても、「イヤだ」という意思表示ができない犬もいます。飼い主さんから見ても、自分の犬がマウンティングされるのは、見ていて気分がいいものではないかもしれません。

ほかの犬と接触ある場面では、飼い主さんがしっかりと目を離さず、呼び戻して守ったりしてあげましょう。

Q2 多頭飼いの場合、マウンティングしてしまうとき、どうすればいい？

A 飼い主さんがルールを決めて対処すればいい

去勢・避妊の手術を受けている犬どうしでは、それほど神経質にならなくて大丈夫です。ただ遊んでいるだけのことがほとんどです。しかし見た目があまりよくないと気になるようなら、やめさせてもOKです。

ただし、避妊・去勢の手術をしていない犬は、基本的には一緒の家で飼うことには、お互いの性的ストレスを考えると反対です。

Q3 特定の人にマウンティングするのですが……。

A されやすいタイプの人がいるのは確かです。

自分の愛犬だけでなく、ほかの犬にもマウンティングされやすいという人はいます。その人から出ている雰囲気もありますが、どちらかといえば、犬に対して強く拒絶しない人がされやすいようです。犬は人間のことをよく見ています。やめてほしいときは、きっぱりと「イヤ」のサインを出しましょう。

Columu

保護犬を迎えるという選択肢

私たちが犬と暮らそうと思うとき、
「保護犬を迎える」という選択肢があります。
保護犬のよい里親になるために、必要な心構えとは？

年間1万頭以上の犬が殺処分されている現実

ペットの犬や猫の殺処分は深刻な社会問題です。

2016年度の年間殺処分数は、犬・猫合計で約5万6000頭（犬1万424頭、猫4万5574頭）と言われています。しかし過去10年間のデータの推移を見てみると、殺処分数は5分の1以下に減ってきています。

これには、動物愛護団体などによる適正飼育の啓蒙や、保護犬の里親探しなどの活動が影響していると考えられます。

新しく犬を迎えるとき、ペットショップやブリーダーから子犬を入手する方法がまだまだ一般的です。

しかし、最近は少しずつではありますが、保護犬の里親として犬を飼う方も増えてきています。

今後さらに里親が増え、人と幸せに暮らす犬が増えることを願うばかりです。

保護されるまでのトラウマを抱えている

とはいうものの、保護犬と心を通わせるのは、ハードルが高いケースもあるかもしれません。保護犬は、行動や健康面で問題を抱えている場合も少なくありません。保護されるまでの間、犬がどんな環境で生きてきたのかによって、心の傷が深い場合や、体にダメージを負っている場合もあります。

深刻なトラウマを抱えていても、犬は言葉で説明することができません。

飼い主さんの側に心の余裕がなかったり、体力的にも犬にしっかりつき合うゆとりがないと、「こんなはずではなかった……」となってしまうかもしれません。

私のクライアントの中にも、保護犬とのつき合い方に悩み、レッスンを依頼してくる方がいます。

ある方は、飼育放棄された大型犬を迎えました。飼育放棄されたからには、問題行動があることは察しがつきます。その犬は、散歩中にほかの犬と出会うと激しく吠え、とびかかろうとしてしまいます。おそらく過去に、ほかの犬に襲われたことがあるのでしょう。顔にいくつもの傷跡がついていました。

飼い主さんは前に、同じ犬種のおだやかなタイプの犬を飼っていたことがありました。そこでつい、前に飼っていた犬と同じように、保護犬に接していました。

そして、前に飼っていた犬を連れて行くのと同じような気分で、保護した犬を犬仲間との旅行に連れて行ったのです。

犬どうしのふれあいに慣れていなかったその犬は、こわがってほかの犬にかみついてしまい、楽しいはずの旅行は台無しになってしまいました。

迎える前にしっかり心の準備をしておく

犬の個性は千差万別です。同じ犬種であっても、こわがりの犬もいればフレンドリーな犬もいます。前述のケースでは、おそろしい目にあった経験があるかもしれない保護犬を、前に飼っていた温和な犬と同じように扱ったことに無理があったのでしょう。

保護犬を里親として迎えようと思うなら、「前にどんな飼育環境で飼われていたのか？」「どんな問題を抱えているのか？」などの情報収集は必須です。それを踏まえて、犬を家族として迎える心の準備をしましょう。

その犬の個性を認め、存在を受け入れて、しっかり向き合う覚悟を持つこと。それが保護犬といい関係を築く第一歩です。

おわりに

2002年に、犬を飼っている飼い主さんのお宅へうかがい、犬のしつけについてアドバイスをする仕事を立ち上げたころに比べて、大きく変わったことが一つあります。

それは、「ネットや、本、雑誌などで得た情報に従ってしつけたはずなのに、犬との関係がこわれてしまった」、「かむようになったので直してほしい」、というレッスンが増えたことです。

さらには、「別のドッグトレーナーさんに、主従関係を示すために犬を押さえつけるように言われたけれど、きびしすぎると感じるし、愛犬がかわいそうで自分にはできない」というお客様や、「実際にやってみたらかえって関係が悪化してしまった。悲しくてたまらないので、助けてほしい」という依頼が後を絶たなくなりました。

情報が増えすぎて、困る人が増えてきているのは、犬の業界に限ったことではありません。では、どうしたら間違った情報をつかまずにすむのか、失敗しないですむのか。それには「自分の心の声を聞くことだ」と私は思っています。

「犬のトレーナーになるために受けた試験で、どうしてもかわいそうでやりたくないことがあったけれど、合格しないと困るので仕方なくやった」、という話を聞いたことがあります。

心では「やるべきではない」とわかっているのに、やってしまう。それが次第に心を麻痺させ、人は、動物との正しいつきあい方がだんだんわからなくなっていると思うことがあります。

2014年、サウスダコタでアメリカンインディアンの末裔にお会いして儀式に参加しました。それから、私の心の中に、アメリカンインディアンの教えが強く響くようになりました。
彼らの教えを私なりに解釈して、この本の最後にみなさまにお届けしたいと思います。

人にはお気に入りの動物というものがあります
もし、彼らをもっと慈しみ、その行動をよく見て
その動物とどうつきあうのがよいのか、見つける努力をしたならば
その人は美しい人生を歩むことができるでしょう

彼らが立てる音や動きの意味を学び
その無垢な生き方から学ぶ必要があるのです

しかし、ワカンタンカ*のはからいで
それは言葉を通じて簡単に学べないようになっています
人と動物の幸せな共生のためには
人ががんばって学ばなくてはいけないことが
たくさんあるのです

中西典子

＊ワカンタンカ：偉大なる力、宇宙の力

監修者

中西典子（なかにし　のりこ）

Doggy Labo代表。ドッグトレーナー。家庭犬訓練所勤務の後、DOG TECH @シドニーにてドッグトレーニングアカデミー修了。帰国後2002年にDoggy Laboを立ち上げ、15年間で2000頭以上の犬たちと彼らの家で向きあう。犬たちから教わったことをベースに、「飼い主さんと愛犬を幸せにすること」を追求。吠える、かむ、散歩で引っ張る、トイレの問題などの解決法や、犬との信頼関係構築法などを伝え、悩める飼い主さんをサポートしている。著書に『犬のモンダイ行動の処方箋』（緑書房）、『犬の本当の気持ちがわかる本』（主婦の友社）、監修書に『うちの犬は、これでトイレ上手になりました。』（ナツメ社）などがある。

■ Doggy Labo（ドギーラボ）
ホームページ　http://www.doggylabo.com/

- 写真　中村宣一（NOBU フォトグラフィー）
- イラスト　エダりつこ（Palmy studio）
- 本文デザイン　清水良子、馬場紅子（アール・ココ）
- 編集協力　鈴木麻子（ガーデン）　山崎陽子
- 編集担当　森田 直（ナツメ出版企画株式会社）

本書に関するお問い合わせは、書名・発行日・該当ページを明記の上、下記のいずれかの方法にてお送りください。電話でのお問い合わせはお受けしておりません。
・ナツメ社 web サイトの問い合わせフォーム
https://www.natsume.co.jp/contact
・FAX（03-3291-1305）
・郵送（下記、ナツメ出版企画株式会社宛て）
なお、回答までに日にちをいただく場合があります。正誤のお問い合わせ以外の書籍内容に関する解説・個別の相談は行っておりません。あらかじめご了承ください。

犬《いぬ》のしつけパーフェクトBOOK

2018年1月4日　初版発行
2023年9月20日　第13刷発行

監修者　中西典子《なかにしのりこ》　Nakanishi Noriko, 2018
発行者　田村正隆

発行所　株式会社ナツメ社
〒101-0051 東京都千代田区神田神保町1-52 ナツメ社ビル 1F
電話 03（3291）1257（代表）　FAX 03（3291）5761
振替 00130-1-58661

制　作　ナツメ出版企画株式会社
〒101-0051 東京都千代田区神田神保町1-52 ナツメ社ビル 3F
電話 03（3295）3921（代表）

印刷所　ラン印刷社

ISBN 978-4-8163-6339-9　Printed in Japan